向绿而行　向新而生

《向绿而行　向新而生》编写委员会　主编

北方联合出版传媒（集团）股份有限公司
辽宁科学技术出版社

图书在版编目（CIP）数据

向绿而行　向新而生 /《向绿而行　向新而生》编写委员会主编 . -- 沈阳：辽宁科学技术出版社，2024. 11. -- ISBN 978-7-5591-3750-0

Ⅰ . X321.231

中国国家版本馆CIP数据核字第20241J8Y27号

出版发行：辽宁科学技术出版社
　　　　　（地址：沈阳市和平区十一纬路 25 号　邮编：110003）
印　刷　者：沈阳丰泽彩色包装印刷有限公司
经　销　者：各地新华书店
幅面尺寸：185mm×260mm
印　　张：21.25
字　　数：680 千字
出版时间：2024 年 11 月第 1 版
印刷时间：2024 年 11 月第 1 次印刷
责任编辑：郑　红
特约编辑：李　翔
封面设计：关木子
版式设计：关木子
地图制作：沈阳市经纬测绘科技有限公司
审 图 号：辽 S（2024）99 号
责任校对：栗　勇

书　　号：ISBN 978-7-5591-3750-0
定　　价：280.00 元

联系电话：024-23284526 18240004880
邮购热线：024-23284502
E-mail：29322087@qq.com

本书编写委员会名单

主　　任：王明玉

副 主 任：应中元　李衍军　李　军　陈国贵　丛　波　田　野　陈文斐　张所平
　　　　　苏贵宏　翁永财　赵俊麟　张雅军　陈福生　吕树江　陈　迅　金玉枝

主　　编：应中元

副 主 编：李衍军　刘　刚　蒋爱国　胡国华　吴宝民　叶长全　鲁广杰　姚昌华
　　　　　张峻铜　许鹏飞　邹东凯　吴加革　刘立明　鞠保证　杨文成

编　　辑：李　刚　张洪义　朱洪镇　王宇民　曲泽林

摄　　影（排名不分前后）：
　　　　　吴乾隆　燕冬亮　张立彦　吕胜杰　李金祥　黄尔贵　刘海东　周贵平
　　　　　马俊儒　丁　强　韩国庆

辽宁省自然保护区分布图

老虎洞山保护区
根木头沟保护区
老虎洞山保护区
大黑山保护区
努鲁儿虎山保护区
北票
朝阳市
朝阳
北票乌化石保护区
阜新市
新邱
阜新
清河门
海棠山保
老爷庙山保护区
黑
建平
天秀山保护区
凌源
喀左
楼子山保护区
青龙河源保护区
青龙河保护区
清风岭保护区
义县
义县古生物化石保护区
医巫闾山保护区
北镇
凌
河
锦州市
盘山
盘锦市
兴
凌海
凌河口保护区
大洼
建昌
白狼山保护区
虹螺山保护区
连山
辽河口保护区
葫芦岛市
兴城
觉华岛
营
辽 东 湾
鲅鱼圈
五花顶保护区
绥中
止锚湾
复州湾
长兴岛
瓦房店
甲
葫芦山湾
西中岛
凤鸣岛
普兰店湾
普兰店
渤 海
斑海豹保护区
金州湾
金州
城山头海滨保护区
蛇岛
甘井子
大连市
大连湾
蛇岛老铁山保护区
旅顺口
渤海海峡
遇岩
圆岛

古台保护区

康平

卧龙湖保护区

辽

昌图

西丰

法库

彰武

开原

清河

新民

调兵山

铁岭市

铁岭

沈北

黄旗寨
白鹭保护区

凡河保护区

清原

浑河源保护区

沈阳市

于洪

浑南

抚顺市

抚顺

新宾

苏家屯

三块石保护区

猴石保护区

龙岗山保护区

辽中

清石台地质
遗迹保护区

灯塔

老秃顶子
保护区

辽阳市

明山

桓仁

辽阳

宏伟

本溪市

本溪

弓长岭

和尚帽保护区

千山

鞍山市

南芬

海城

白石砬子保护区

九龙川保护区

宽甸

石桥

白云山保护区

清凉山保护区

岭保护区

凤城

凤凰山保护区

鸭

岫岩

绿

龙潭湾保护区

大

江

丹东市

(中)

(朝)

(朝)

新义州

(中)

(朝)

仙人洞保护区

洋

东港

(朝)

庄河

鸭绿江口
湿地保护区

大鹿岛

河

鸭绿江口

石城岛

峡

海

长

海

黄

海

岛

大长山岛

长山岛

峡

海

群

长海海洋珍贵生物保护区

岛

山

獐子岛

海洋岛

比　例：1：220万

保护地级别	面积(平方千米)
国家级保护区	8366.00
省级保护区	3410.85

审图号：辽S（2024）99号

序　言

"向绿"方能"新生"

纵观世界发展史，保护生态环境就是保护生产力，改善生态环境就是发展生产力。良好生态环境是人和社会持续发展的基础，是最普惠的民生福祉。

习近平总书记指出，绿色发展是高质量发展的底色，新质生产力本身就是绿色生产力。这一重要论断，深刻阐明了新质生产力与绿色生产力的内在关系，为推动高质量发展、建设美丽中国提供了行动纲领和科学指南。

生态环境治理体系加快建设、重点区域生态质量持续提升、污染防治攻坚战取得显著成效……在向绿向新的发展浪潮中，辽宁以她独有的坚韧与智慧，书写着生态文明建设的壮丽篇章。《向绿而行 向新而生》图文集的出版可谓恰逢其时，犹如一颗璀璨的明珠闪耀在辽沈大地上空，以"好故事"之光照亮辽宁生态环境"蝶变跃升"之路。

沿着书卷长廊徐徐前行，视野与气象愈发开阔——从卧龙湖的秀美到丁香湖的重生，从"万亩松"的坚韧到红海滩的奇观，91篇生动鲜活的生态故事如同一幅幅绚丽多彩的画卷，展现出辽宁在生态文明建设中的巨大成就和深刻变革。每一个故事都是对"绿水青山就是金山银山"理念的生动诠释，都是对人与自然和谐共生美好愿景的深情呼唤。

如果不是出于对祖国、对党、对政协事业的深情热爱，如果不是源自对委员职责的深切体会、对民生百态的感同身受，很难创作出《向绿而行 向新而生》般凝心聚智的时代之作。在一年半的时间里，在周波主席、王明玉副主席的亲自指导下，在省、市政协人资环委的通力配合下，三级政协委员跨越山河湖海，走向实际寻找生态保护典型的时代性，走入群众体察生态文明建设的人民性，走进生活把握时代主题创作的文学性。可以说，《向绿而行 向新而生》倾注着政协人对人民政协事业最深沉的热爱与最浓郁的情感，书中的每一个故事都充满了温度和力量，让我们看到了那些默默无闻的环保工作者在平凡岗位上的坚守与奉献，让我们看到了那些勇于创新的企业家在绿色转型中的探索与实践，更让我们看到了辽宁人民对美好生活的向往与追求。

站在新的历史起点上，辽宁，这片承载着厚重历史与灿烂文化的土地，正以前所未有的速度和力度推进生态文明建设。省委、省政府高度重视生态文明建设，将其融入经济社会发展的各个方面，努力实现人与自然和谐共生。在这场全面绿色转型的变革中，辽宁人民展现出了前所未有的决心和勇气，守护着这片绿水青山，创造着更加美好的未来。

"向绿"方能"新生"。我们坚信，在习近平新时代中国特色社会主义思想的指引下，在辽宁省委、省政府的坚强领导下，辽宁一定能够走出一条生产发展、生活富裕、生态良好的文明发展道路。让我们在《向绿而行 向新而生》的启迪下，一同反思生态之殇、探寻生态之美、共谋生态之策、实现生态之治，共同书写辽宁生态文明建设的崭新篇章！

是为序。

本书编写委员会

目　录

01　擦亮生态底色，建设美丽辽宁

岳明凯　辽宁省政协委员

在辽宁的广袤大地上，自然保护区如同绿色的明珠，镶嵌在山水之间。这些自然保护区不仅守护着珍稀的物种，还承载着丰富的生态文化和历史。今天，就让我们一起走进这生态文化建设的璀璨明珠，感受其中的生态之美，聆听那些关于生态保护、生态建设的动人故事。

辽宁的自然保护区，如同一座座生态的殿堂，守护着众多珍稀物种，让它们远离人类活动的干扰。在这里，我们可以看到东北虎、丹顶鹤等珍稀动物在保护区内自由漫步，与大自然和谐共生，共同谱写着生态的乐章；在这里，我们还可以看到令人叹为观止的各种自然景观——壮丽的山川、清澈的溪流、茂密的森林等，不一而足。春天百花争艳，初秋黄叶飘落，都会吸引无数游客前来观赏，感受大自然的魅力。

而在这些保护区的背后，有一群默默奉献的生态保护者。这些生态保护者有的来自科研机构，有的来自基层保护站，他们用自己的汗水和智慧守护着这片生态的家园。许多人为了研究珍稀物种、保护生态环境，长年驻扎在保护区，与大自然为伴，与孤独为伍。这些人的付出和坚持，让我们看到了生态保护的希望和力量。其中就有一位先进人物的事迹值得我们学习，他就是韩志勇。韩志勇的工作职责是监督和检查生态环保政策的执行情况，并查处破坏生态环境的行为。他深知自己肩负的责任重大，总是全身心地投入工作中。2022 年一年之内，他共办结了 50 余件生态环保的问题线索，涉及 60 余人，其中立案 5 人、给予党纪政务处分 3 人、诫勉谈话 1 人、批评教育 3 人、责令检查 5 人。这些数字的背后，是韩志勇无数个日夜的辛勤付出和坚持。他也因此被评为"十大优秀护林员"之一，成了生态建设领域的佼佼者。

在辽宁的自然保护区内，还流传着许多关于生态环保的习俗和传说。这些习俗和传说，既体现了人们对大自然的敬畏和感恩，也弘扬着珍视生态、保护环境的理念。比如，在辽宁的某些地区，人们会在特定的时节举行祭祀活动，祈求大自然的庇佑和恩赐。这些活动不仅是对大自然的敬畏之情的表达，也是对生态文化的传承和弘扬。此外，辽宁的自然保护区还建立了完善的物种保护制度。这些制度不仅明确了保护区的范围和界限，还规定了保护区内各种活动的限制和要求。这些制度的实施，为保护区的生态保护提供了有力的法律保障。

在辽宁的自然保护区内，还有许多生动的生态保护、生态建设先进人物故事和典型事件。比如，有的保护区工作人员在巡逻时发现了非法狩猎行为，他们毫不畏惧，果断制止并向相关部门报告；有的志愿者自发组织起来，在保护区内开展植树造林、清理垃圾等公益活动；还有的科研人员在研究珍稀物种方面取得了重大突破，为生态保护提供了有力支持。这些故事和事件，不仅展示了辽宁自然保护区在生态保护、生态建设方面的成果，也让我们看到了人们对生态环保的关注和付出。这些先进人物和典型事件，激励着人们更加积极地参与到生态保护的行动中来。

在辽宁的自然保护区内，还蕴藏着丰富的生态历史文化故事。这些故事既有古代的传说和神话，也有近代的历史和记忆。它们如同一部部生动的历史长卷，让我们看到了辽宁人民 与大自然和谐共生的历史轨迹。这些生态历史文化故事不仅丰富了我们的精神世界，也让我们更加深刻地认识到，只有尊重自然、保护自然，才能实现人与自然和谐共生。

辽宁的自然保护区是生态文化的宝库，不仅守护着珍稀的物种和美丽的风景，还传承着悠久的历史和丰富的生态文化。在这里，每一个角落都充满了生机和活力，让人从中感受生态环境之美、领略生态文化之韵、见证生态保护之力。保护区的建设成果得益于当地政府和社会各界的共同努力，更离不开每一位生态保护者的默默付出，他们如同这片土地上的卫士，为辽宁的生态建设贡献着自己的力量。愿这片美丽的自然保护区成为人与自然和谐共生的典范，永远充满生机，永远被人们珍视和呵护。

02　有一种蓝叫"沈阳蓝"

陶熙文　沈阳市政协委员

沈阳是我的家乡，年轻人更愿意称之为"我们的大沈阳"。在中华人民共和国成立初期，沈阳享有"东方鲁尔""中国重工业摇篮"的美誉，是国家"一五""二五"时期建设起来的老工业基地。

打开尘封的记忆，几十年前，沈阳是中国著名的老工业基地之一，而铁西区也是国内最大、最密集的城市工业聚集区。在铁西区 484 平方千米的土地上，曾集中了 1000 余家工业企业。一座座厂房相连成片，冒着黑烟的高大烟囱屹立在厂区。无论天气阴晴，天空中都呈现灰暗的黄色，空气中弥漫着颗粒状的烟尘。风一刮，黄沙漫天，气味刺鼻，走在路上瞬间灰头土脸。我所就读的学校就位于沈阳冶炼厂北侧，每到夏季刮南风的时候，学校处于厂区的下风向，厂里飘出的刺鼻气味弥散在整个校园，同学们被呛得直咳嗽，不得不掩住口鼻，夏天大部分时间教室要关着窗户才能正常上课。

那个年代，煤是主要的工业生产能源，燃烧方式落后，污染物低空排放且排放量大，难以消散。企业生产工艺简陋，对工业污染问题也缺乏重视。那时的沈阳很少能看见蓝天白云，是一个缺水少绿、污染严重的工业重镇，大气污染严重威胁到沈阳人的身体健康，空气质量问题已经成为沈阳人的"心肺之患"。生活在这样的环境中，不难理解当时沈阳人对于良好生态环境的渴望。

进入 21 世纪，特别是党的十八大以来，党中央对生态文明建设提出了一系列新思想、新论断和新要求。沈阳市委、市政府全面贯彻国家和辽宁省关于生态环境保护工作的决策部署，坚持"绿水青山就是金山银山"的理念，相关部门高度重视打好污染防治攻坚战工作，坚决扛起环保督察整改重任，变压力为动力，大投入、强力度、硬措施，着力解决生态环境领域突出问题，通过持续修复生态、治理环境污染、实施绿化美化提升工程，推行绿色生产生活方式，坚定不移打好"蓝天、碧水、净土"三大保卫战。

"十三五"期间，我市的发展环境发生了新的变化，发展方式也由粗放增长向着质量效益型转变。为了持续擦亮沈阳天空的那一抹蓝，我市以改善空气环境质量为核心，加大大气污染治理力度，强化抗霾举措，采取多污染物协同控制和区域协同治理的方式，使全市空气污染物综合指数逐年递减，重污染天数整体呈波动下降趋势，空气优良天数由 2015 年的 207 天增加至 2022 年的 320 天，整体呈逐年递增趋势，其中，2016 年、2018 年、2021 年、2022 年接连实现质的飞跃，我市大气环境质量得到了明显改善，"沈阳蓝"的天数越来越多，空气也越来越清新。

作为政协委员，我将持续关注沈阳的大气、水、土壤等污染治理工作，在献计出力的同时，也会协助政府做好带动和宣传工作，结合"讲好沈阳故事"活动，广泛宣传生态环保理念，深入挖掘绿色发展故事，积极助力我市打好污染防治攻坚战。

期待我们的大沈阳
天更蓝、气更新、地更净，
城乡人居环境进一步改善，
人民群众安居乐业，
成为"诗意栖居"地。

03　香湖盛景　醉美于洪

刘新建　沈阳市于洪区政协委员

香湖盛景，四季沐歌，
又是一个冬去春来的时节！
徜徉在丁香湖畔，
漫步在彩虹路上，
思绪却不禁驰骋起来，
岁月的斗转星移，
积淀出历史的韵味。

丁香的由来要从 300 年前讲起：

丁香其实原叫丁线，传说顺治八年（1651 年），清朝线姓贵族自山东黄县老家北迁落户盛京西北部，后来村落以居住丁姓和线姓两大家族为主，故得名丁线屯。直至 1912 年，村内有一位耆宿徐贺年，将丁线屯改名为丁香屯，自此得名。

在丁香屯的历史渊源中，还有一条不得不提的文旅之路，此路名为大御路，是清帝东巡盛京、祭祖谒陵的必经之路。而丁香屯就在大御路旁，每逢清明时节，浩浩荡荡的祭祖队伍从京师出发，经永安桥入盛京，到永陵、福陵和昭陵祭拜先祖。

可以想象，帝王出巡，雄伟壮观，气势磅礴。道路两旁定是彩旗飘扬，旌旗招展。前有一群锣鼓喧天的乐队，演奏激昂澎湃的乐曲，紧随其后的是骑兵和步兵的队伍，整齐划一，步伐铿锵有力。

康熙、乾隆、嘉庆、道光四位皇帝先后十次东巡盛京，留下佳作百篇，最有名的非乾隆第一次东巡盛京时所作《盛京赋》莫属。

辉煌的盛京，居沈水之阳。虎踞而龙蟠，地域灵秀，城池雄壮，人物熙攘。

这段悠悠往事，凸显了人文精神和历史情怀。其实那时还没有湖，未出生的湖，便因此提早有了一个充满诗意的名字——丁香湖。但天不遂人愿，曾经的丁香屯是浑河的古河道，后经岁月变迁，河水改道，河底因为蕴藏丰富的泥沙，成为挖沙人争相抢夺的"淘金之地"。兜兜转转到了 20 世纪末，这里违法挖沙肆意泛滥，使历史悠久的丁香屯成了出名的"龙须沟"。正当全世界欢呼跨入新千年的时候，这里俨然已是垃圾满天，破烂不堪。当地居民，但凡有门路，都早早搬家走人，远离这个"是非之地"。

21 世纪初，这里悄然上演了一出沧海变桑田的故事，发生了翻天覆地的变化。随着丁香屯地区纳入沈阳市城市规划，时至 2005 年，沈阳市政府确定在沈阳城的西北部进行绿化改造，建设可与杭州西湖相媲美的人工湖泊——丁香湖。伴随着一声号令，在五一劳动节当天，丁香湖湖区主体工程破土动工。经过 190 个昼夜的连续施工，这座湖面达 3.1 平方千米的人工湖泊横空出世。而在湖心的水面之上，还堆起一座高达 30 余米的湖心岛。

现在的丁香湖是沈阳最大的城中湖，一年四季，季季有景，绿带环湖，处处鸟栖，犹如镶嵌在城市西北部的璀璨明珠，随着城市的发展，越来越光辉耀眼。

春是"试上超然台上看，半壕春水一城花"的柳堤春晓。岸边柳丝吐绿，大片的丁香花开放，沁人肺腑的香气，让人神清气爽。

夏是"荷叶罗裙一色裁，芙蓉向脸两边开"的夏荷映日。微风带来清凉，帆船赛事精彩纷呈，大片荷花在夏风中摇曳，让人心旷神怡。

秋是"月光浸水水浸天，一派空明互回荡"的平湖秋月。水鸟在湖面悠闲地飞翔嬉戏，引得游人驻足观赏，特别是夕阳西下，水天一色的美景，让人陶醉。

冬是"岸容待腊将舒柳，山意冲寒欲放梅"的璞玉凝辉。白雪皑皑，湖面上开辟了滑冰场，吸引很多人来这里滑冰，还有家长带着小朋友滑冰车、抽陀螺。

美景伊始，总如蝉蜕般，化蝶飞舞便是现在。所谓牵一发而动全身，丁香湖的重生带动了后续以生态文明、绿化环保为主的整体城市区域建设，曾经的"是非之地"变成了如今的"一方福地"。

于洪区围绕丁香湖打造"醉美于洪"的品牌，实施"体育＋旅游"战略，利用自然生态IP，大力发展冰雪经济和水上运动，建设幸福岛丁香小镇，打造城市网红打卡地、消费时尚新地标。构建了宜居宜商的文旅丁香湖，赋予了这里更具生态文明的人文风情。

"绿水青山就是金山银山"，生态文明的建设，离不开党的领导，在习近平生态文明思想引领下，我们的城市"向绿而行，向新而生"。

随着一首《文旅之王》传入耳中："改革春风吹满地，沈阳人民真争气……百姓安居乐业，齐夸党的领导。"思绪回到眼前，已夜幕降临，灯光洒满了整个月琴广场，熙熙攘攘的人群，男女老少分了几伙儿，各自伴着乐曲在广场舞动。

再往前走，只见冰雪傲月，长空繁星，一条从天而降的雪道把此地拉进了童话里。城市的喧嚣、碧波湖光，人与自然都在一起欢呼起来，在旋转的木马与孩子们的欢歌笑语中勾勒出一幅画，画的是南来北往中的夜晚。广厦万间，犹如无数小船灯火通明，还有悦动与星晴。此时，人与自然和谐共生！

蒲河，河中生长许多蒲草，又名水烛，蒲河因此得名。每年春夏之交，蒲草开始生长，逐渐长出蒲棒，初为乳黄，到了秋天，变成深红。半尺长的蒲棒红红的，立在河里，像水中的蜡烛，映照沈城。如果说浑河是沈阳的母亲河，那么蒲河就是沈阳的女儿河。她像温柔美丽的少女，静静地蜿蜒在沈阳西北的土地上。每到周末，我都习惯到蒲河边走走。河水清澈荡漾，波光粼粼，两岸花红柳绿，游人络绎不绝。

初识蒲河，是 1989 年的秋天。那年我刚刚大学毕业，被分配到东煤沈阳矿务局，又到蒲河煤矿劳动锻炼。闲余时间我来到蒲河，那时河水水流虽然不小，但浑浊不清，两岸杂草丛生，道路凸凹不平，周围是荒滩或庄稼地。看着眼前的景象，更增添了我身在异乡的孤寂感。

蒲河的新生来自沈阳城市向北的发展。2002 年，沈阳市在原辉山农场的基础上，成立辉山农业高新技术开发区。辉山脚下的蒲河也像待字闺中的少女，千呼万唤始出来。从这一年起，蒲河沈北段就开始了生态建设与经济社会发展的良性互动。疏浚河道、筑坝蓄水、绿化美化、整理土地、招商引资，随着基础设施的不断完备，企业加速聚集，很多市民也把家安在了蒲河岸边。2006 年，沈北新区成立，辉山、虎石台、道义三个开发区统称为"蒲河新城"。蒲河在沈阳城市建设中发挥了得天独厚的作用，沈北新区从成立之初就把蒲河看作发展的根基和源泉，依河而建，因河而兴。2009 年，沈阳又做出建设蒲河生态廊道的战略部署，将蒲河定位为水利之河、生态之河、文化之河、休闲之河。蒲河生态廊道建设，实施了水利、绿化、道桥、污水处理和文化工程，形成了"一河三湖多湿地、两岸六区十八景"的景观带、生态带。"绿水青山就是金山银山"，沿着蒲河生态廊道，形成了沈北新区核心经济带，也包括方特欢乐世界、七星海世界亲子主题乐园、道义花海等东北地区非常有名的游乐场所。

辽中蒲河国家湿地公园更是声名远扬。她位于辽中区境内，蒲河下游，属内陆湿地，由河流型湿地、沼泽型湿地和人工湿地三种类型构成。这里桃红柳绿、绿草茵茵、水鸟嬉戏、河水涟漪，犹如一条七彩飘带舞动萦绕。湿地景观纵横交错，游鱼往来戏水，禽鸟繁衍栖息，恰似一幅人与自然和谐共生的美丽画面，是名副其实的沈阳后花园。每年一度的"蒲河湿地旅游文化节"为北国水乡插上了腾飞的翅膀，"赏万顷蒲河湿地、游百里水韵长廊"的独特韵味在广袤大地上唱响，成为体验自然之旅、生态之旅、人文之旅的绝佳去处。

在新时代生态文明思想的指导下，沈阳对于蒲河的生态建设进一步加大投入：扩建污水处理厂，修建沿河健身步道，新建四大主题公园，补植花草树木涵养水源。沈阳市民和外地游客的生态文明意识也大大提高，人人维护环境，爱护蒲河，还组成志愿者队伍，每个双休日都到蒲河周边辛勤奉献。如今的蒲河沿岸周边，已经成为市民安居乐业、高新企业争相落户、节假日游客云集的好地方。

蒲河的发展变化，
也是沈阳城市发展
和东北振兴的缩影。
蒲河，用自己的新生诠释着
生态文明思想的精髓
和不竭的发展源泉。

05　庭院里的麻雀

杨建才　沈阳市皇姑区政协委员

我本来是一只寒来暑往的"候鸟"，却因为一群麻雀改变了我生活的轨迹。

约30年前，我来沈阳投资创业，工作和生活一直在皇姑区。初来时，半年在沈阳，半年在福建，经常飞来飞去，人们都叫我"候鸟"。而近些年的沈阳，除了投资环境越来越好以外，生态环境也一年更比一年强。舒适、安静、祥和，加之北方人家都重视教育和文化，市井生活中有一股浓浓的书卷气。环境的改善，使我的工作和生活也发生了巨大的变化。

我的家乡在福建漳州，是紧邻海边的渔港小镇，我从小就爱水、爱鸟、爱读书。到沈阳后，我精挑细选，在沈阳百鸟公园旁安下了家。选择这里，既能近距离与花草和鸟儿为伴，让生活充满情趣，还因为邻居中不少是学者教授，便于近距离感受文化人的熏陶，而且在绿树丛中与辽宁大学隔路相望，鸟语花香中似能听到大学生的琅琅读书声，慰藉我没能上过大学的落寞。

我居住的社区共有30多栋楼，院内绿化搞得特别好，尤其是一楼住户，家家都有小庭院，大多种植花草。这些人家都有退休的老人，他们还组成志愿者团队，每天养花护鸟，守护家园。我对这些老人家充满了敬仰，有时间也跟他们共同参加一些公益活动。随着沈阳全国卫生城和文明城的建设，我们园区内绿化已实现了园林化，各色树木有几十个品种，观花、观果、观叶皆有。环境影响生态，许多小鸟"落户"园区，有鹊雀、鸽子、画眉、锡嘴等，最多的就是麻雀。院内的麻雀分两个大群，每群有五六十只，各据一隅，互相也有交往，一年四季都在叽叽喳喳中与我相伴而居。我家住四楼，和楼下树梢等高，麻雀每天成群结队停留在树上集会，临窗观鸟就成为我的日课。为了能更亲近这些小精灵，我每天清晨在外窗台上撒一把碎米，最早引来一群鸽子，它们不怕人，落下来就吃。时间长了，鸽子每早天一亮就在窗台上等候，嘴里还咕咕地发出声音，再后来就直接用嘴敲玻璃。慢慢地麻雀也过来争抢吃食，大鸟小鸟欢聚时与我隔窗相望，人鸟和谐相处的场面立显生动壮观。

麻雀最漂亮之处是有一双黑宝石般的眼睛，灵动俏皮，炯炯有神。春、夏、秋三季羽毛色泽艳丽，头与胸部间有一圈白色羽毛，身体呈棕褐色，夹杂些条状斑点，翅膀和尾巴呈黑褐色。冬、春季个体苗条，显得瘦弱；秋季食物多，体态就十分丰满，圆滚滚的显得雍容华贵。

我和窗外的麻雀慢慢地混熟了，它们也不像最初时那么怕人，渐渐地与我成了好朋友。我和麻雀交往多了，早上喂完食才能放心地去上班，晚上怀着愉快的心情回家，在窗口喂一会儿小鸟，看到它们或跳跃争食，或展翅飞翔，身心都得到了抚慰。

查阅资料才知道，麻雀每年三四月份开始繁殖，鸟夫妻要用 5～6 天完成筑巢，一般都选在楼层较高的房檐、楼角、墙洞处。母雀每天生一只蛋，鸟蛋有拇指甲大小，生够 5～6 只后开始孵化，经 10～12 天就孵出小鸟了。小麻雀出生时非常小，浑身没有毛，也不睁眼，嘴巴很大，嘴角呈黄色，要由鸟爸鸟妈找食物回来喂，约半个月后就长大会飞了，一旦飞出窝就不会回来，从此自食其力。

现在麻雀已被国家列为二级保护动物，再也不会受到什么伤害。其实它们是与人类最为亲近的野生鸟类，麻雀、人与自然形成新的生态平衡，为我们的生活增添不少祥和的情调。

近年来，沈阳营商环境明显改善，投资的领域不断拓宽，我也从最初的单一贸易扩展到实业生产，特别是探索民营经济向环保产业、高新技术产业投资，已取得初步成果。

沈阳这座生态城市环境越来越好，"绿水青山就是金山银山"的理念变成了现实。浑河水清如镜，寒冷的冬天，大雁、野鸭等水鸟也不再迁徙南飞了，就在水边与都市里的人们共享北国风光。我这个南方飞来的创客，就像一只小小的麻雀，在百鸟朝凤的大潮中，被生态宜居环境深深吸引，早已不再南北奔波，而是驻守在温馨的沈阳，每天与鸟为伴，与振兴发展同行，稳稳地在第二故乡扎下了根。

王　琦　沈阳市和平区政协委员

春来了，远方的鸟儿归来了，寂静了一冬的湖面热闹起来。野鸭成群结队，在湖中游荡嬉戏；白鹤不慌不忙地梳理着羽毛，如同鸟儿中的贵公子；一行行大雁从南方的天际出现，在湖面悄悄降落，恰似归家的游子；水鸟拍打着翅膀，追逐着觅食嬉戏……湖面熙熙攘攘，好不欢乐。卧龙湖的"观鸟节"开幕了，人们呼吸着早春带着丝丝凉意的空气，三五成群观鸟、识鸟、拍鸟。一位大爷是痴迷的爱鸟者，说他每年春天都带着相机来这里拍鸟，那些鸟儿就像他的孩子，看到充满活力的鸟儿，他感觉自己也像年轻了好几岁。小草偷偷露出头来，树木抽出嫩绿的枝芽，苏醒的季节，一切都充满着勃勃的生机。

北方的春很短，一转眼，卧龙湖的夏来了。此时的卧龙湖，蝉鸣鸟叫，红荷千顷，环目皆翠。人们或骑上一辆自行车，沿着湖边慢慢骑行；或沿着行人步道，悠哉地漫步在姹紫嫣红的人间仙境；或找一处平整的草地，搭上个帐篷，看日出日落，云卷云舒，暂时远离城市的喧嚣，寻一份静谧美好的岁月。这种炎炎的夏日，最好的消遣，就是找一处树荫，约上三两好友一起垂钓，或者带着孩童到嬉水乐园消暑。"卧龙湖之夏"的活动异彩纷呈，看看精彩的演出，喝喝凉爽的啤酒，参与参与有趣的短视频大赛，卧龙湖的激情夏日，也是这样的迷人。

叶子慢慢落下，湖边落叶被踩得沙沙响，当湖岸镀上一层金色的时候，秋来了，卧龙湖的芦苇荡到了最美的季节，芦苇在金色的阳光中褪去了青绿的颜色，不知疲倦地和着风的节奏，轻声细语地舞蹈着，似云似雾的白絮绵延着原始的散逸和清淡，点缀着略显萧索的季节。此时宜乘船慢慢地航行，在芦苇深处探访野鸭的家，看鱼儿时不时跃出水面，趁着卧龙湖的鱼是最肥美的时候，就近找个农家来顿美美的全鱼宴，然后感恩大自然的馈赠。

雪花飘落的时候，卧龙湖迎来了冬捕节。卧龙湖地下有全国罕见的丰富锶矿泉水，对预防治疗心血管、脑血管病效果极佳，生长于卧龙湖中的原生态野生鱼也含有丰富的锶元素。人们早早来到湖边，等着捕获新鲜的鱼。冬捕的仪式感是满满的，捕鱼前要先进行皇家祭祀，"辽代帝后"在仪仗队的护送下威严入场，"文武百官"在冰面一字排开，在祭湖醒网后，第一网的头鱼跃出冰面。随着头鱼的竞拍完毕，人们排着队购买新鲜打捞上来的野生湖鱼，也讨个年年有余的好彩头。

卧龙湖的春夏秋冬，历经了千万年的变幻，这片 64 平方千米的水域，调节着气候，孕育着生命。这个素有"沈阳北海""塞北明珠"之称的辽宁最大的平原淡水湖，见证了一代又一代的历史变迁。爱我们的家乡，就是爱家乡的一山一水、一草一木，就是与大自然和谐地相处。

愿卧龙湖所有的春夏秋冬，
都能承载着我们美好的期待，生生不息。

07 卧龙湖，辽河畔的一颗湿地明珠

赵 凯 辽宁省政协委员

我们的故事，就要从穿过沈阳康平的一条长河和一片湿地说起。

这条长河的名字叫作辽河，是孕育了红山、三燕和契丹等古老文化的生命之河。西辽河与东辽河，在康平境内汇流成辽河的干流，一路向着渤海奔流，两岸冲积形成了富饶的辽河平原，滋养着我们脚下的辽沈大地。这段河滩密布着芦苇和蒲草，形成两条宽阔的"青纱帐"。夏日，经常能够看到漂亮的蜻蜓和豆娘在苇丛间上下飞舞。河流的两岸没有步道，没有硬化的河床，只是水生植物丛生，形成了生物多样性丰富、能够调节河流水位的湿地。

这片湿地，就是位于康平县的卧龙湖湿地，也是辽宁省重要的湿地类型自然保护区。沈阳卧龙湖省级自然保护区是我国北方沙地边缘保存较好的一个内陆型湿地，素有"塞北明珠"之称。卧龙湖原为天然洼地形成的湿地，是辽宁省最大的平原淡水湖，是辽宁的生态屏障、沈阳的"绿肾"，更是国内罕见，无比珍贵的城市周边天然湿地。卧龙湖湿地面积较大，生态系统结构较为完整，生态功能比较齐全，是我国北方沙地边缘保存较好的一个淡水湖泊湿地生态系统，具有重要的调节气候、维护生物多样性等生态服务功能。

提到康平卧龙湖，就会想到翩翩起舞的"湿地之神"——白鹤，它们自遥远的北极苔原而来，每年会飞向鄱阳湖越冬，沈阳是白鹤迁飞旅途中重要的迁徙中转站。这些全球极危物种，每年会在春秋两季大量集结于沈阳康平卧龙湖湿地、法库獾子洞湿地，以及辽河沿岸的滨河湿地。康平虽然地处相对干旱的辽蒙边界，但康平是东辽河、西辽河的汇流之地，康平的辽河流域湿地是白鹤、丹顶鹤、东方白鹳、青头潜鸭、花脸鸭等珍稀濒危物种的迁徙中转地和补给站。康平因白鹤而更加野性，因卧龙湖而更加灵动，因辽河而更加丰饶，这是康平天赐的独特优势。

根据当地人介绍，康平生态的连年好转，要得益于卧龙湖湿地保护区对珍稀物种的保护，以及当地对辽河两岸湿地实施的修复。湿地修复，首先要从清淤、清理垃圾开始，通过清淤实现水道的畅通，以降低水体和陆地的富营养化与污染；其次是微地形改造，平整一些因水蚀、风蚀或者人类活动形成的断面、坡面和矮围区域，让地形恢复自然过渡，这有利于减少河道对断面的冲刷所形成的水土流失，提高植被的成活率；然后补种千屈菜、三棱藨草等水生植物，再于近岸种植杞柳、柳树等既能耐湿，又能守护河岸土壤的灌木和乔木，以提升辽河两岸湿地的蓄水能力，并改善河流水质。

　　白鹤是对栖息地要求最特化的鹤类，对浅水湿地的依恋性很强，其中卧龙湖湿地、辽河两岸湿地中生长的三棱薦草地下茎是白鹤特别喜欢的植物。随着薦草分布面积的增长与湿地生态的修复，来到康平的白鹤也越来越多。在 2020 年秋季，康平单日监测到白鹤的峰值达到了 3311 只。根据 2021 年末全国白鹤越冬统计调查的数据，在全国越冬的白鹤种群数量为 5616 只。换句话说，在白鹤迁徙期，落脚康平的就几乎占到了种群数量的 3/5，这创造了一个全国纪录。白鹤也是懂得"用翅膀投票"的，康平这边适合白鹤觅食、栖息的湿地多了，食物也多了，白鹤自然就来到了康平。

　　站在卧龙湖畔，只见一群白鹤站在水中觅食，天空中又飞来了一群大天鹅，正在寻找降落的水域。大天鹅飞翔的背景，就是康平的主城区。这样一幅人与自然和谐共生的场景并不在远方，就在我们的身旁。最近，来自辽宁大学的科研团队，又给我们带来了好消息：在康平巴尔虎山，通过红外相机监测到了野生梅花鹿的存在。湿地明珠、鹤舞鹿鸣，康平为沈阳的自然生态之美，提供了一个新的注解。有山，有大河，有湿地，有黑土沃野，有白鹤和梅花鹿生息，这样的康平，这样的沈阳，怎能不爱？

08 千载归来鹤，联翩辽海间——沈阳康平卧龙湖湿地保护区

胡　胜　辽宁省政协委员

气候干旱，风沙多，水系少，这大概是很多人对北方内陆城市的刻板印象。在沈阳生活了几十年，老实说，我似乎也被限制在了这种印象里。所以第一次看到卧龙湖的时候，尽管有心理准备，还是被眼前一望无际的浩渺烟波所震撼——在城市之畔居然有如此辽阔盛大的水域，水天之际光影交融，卷云逶迤飘过邈远的天空。早春的风掠过湖面扑面而至，依然带着几分凛冽，却让人不由自主地轻快雀跃起来，就像挣脱羁绊的鸟。

如果真的能化身为鸟，现下绝不会缺少同伴。卧龙湖地处东亚——澳大利亚候鸟迁徙线上，每年春天，这座辽宁最大、东北第二大的平原淡水湖，如同一座鸟的天堂。近年来，卧龙湖自然保护区观察记录到的鸟类多达 279 种，其中国家一级保护鸟类就有 19 种。白鹤、丹顶鹤、灰鹤、白头鹤、白枕鹤、大天鹅、鸿雁、苍鹭、黑鹳……数百万只候鸟将卧龙湖视为迁徙途径上重要的驿站，鸟类数量的单日最高观测记录突破 12 万只。

如今我们看到的卧龙湖，其实是涅槃重生之后的样子。

20 世纪 90 年代，因为缺乏规划的过度开发，兼以连续几年的干旱缺水，卧龙湖遭遇了一场生态灾难。蓄水量逐年下降，湿地面积不断减少，风沙日渐肆虐，鸟儿们也失去了踪迹。21 世纪初，卧龙湖水甚至一度干涸，昔日万顷烟波，沦为疮痍满目的荒原。

这无疑是康平和沈阳的切肤之痛。2011 年，卧龙湖生态建设上升为"沈阳战略"。次年，卧龙湖成为全国 17 个湖泊生态环境保护试点之一。经过数年的科学论证，休养生息，遍体鳞伤的"卧龙"终于逐渐舒展鳞爪，恢复了塞外大泽的灵动气韵和苍茫气魄。北方毕竟干旱少雨，为了保证卧龙湖的蓄水量，保证水生植物生长，保证鸟类栖息的湿地面积，康平县政府以近 8 千米长的"L"形堤坝将卧龙湖分成南北两个湖区，修建多个闸门分区合理调节水位。深水区蓄水防旱，浅水区则成为水生植物和鸟类的乐园。草甸、沼泽、滩涂、湖水，各自涂抹开不同的色彩，共同构成了一幅生动优美的自然画卷。春日候鸟迁徙，夏日十里荷花，秋日芦苇苍苍，冬日则有红火热闹的冬捕。越来越丰富的生物种类，无疑是这画卷上的点睛之笔。

春江水暖鸭先知，春湖或许也同样如此。三月初，冰凌刚刚开始融化的时候，早来的各类鸭雁已经在破冰的湖面上成群嬉戏了。到三月底，湖水逐渐变得明亮，归来的鸟类也越来越多，仿佛是接到了什么神秘的讯号，上万只花脸鸭会同时拍打着翅膀飞掠而起，浪花在蓝色的湖面上飞溅起耀眼的白。它们在人群的惊叹声里铺天盖地飞过，在水天之间变幻成奇妙的图案，像展翼的鸟，又像巨大的鱼。

2017 年，卧龙湖第一次观测到 12 只青头潜鸭。这种可爱的小生灵是花脸鸭的近亲，却已经上了濒危物种红色名录，被列入"极危"等级。它们的数量极少，不像花脸鸭的鸟浪那样令人惊奇，但它们的存在本身或许就是一个奇迹，也是自然留给我们的机会。

为了给候鸟们一个安全的栖息环境，卧龙湖自然保护区已经实现了全域围封和全程数字化监控。大片的湿地、滩涂和内湖是鸟儿们专属的世界，不会有人去惊扰它们。不过，保护区也设置了 4 个精心挑选的观鸟点位，架设了共享望远镜，虽然保持着"安全距离"，也能清晰觅得它们的影踪。黑色凤头的苍鹭，头顶一块白的骨顶鸡，曲颈优美的大天鹅，长着漂亮深色羽冠的凤头。最引人注意的或许还是鹤，纤细的长腿和舒展的羽翼，仿佛自带道骨仙风。全球现存 15 种鹤，有 6 种会在迁徙途中经过卧龙湖。国家一级保护动物白鹤，单日观测到的种群数量 最高达到 3300 余只，占到了全球总数的 60%。这些优雅的大鸟在深蓝的湖面上翩跹飞过，仿佛轻盈飘落的雪。

很久以前，古籍中就有"辽东鹤"的传说。入山修道的仙人离家千载，化鹤来归，但世间已然沧海桑田，最终还是化鹤飞去。若在今天，见到卧龙湖这颗北方明珠，见到青山绿水别来无恙，想必会眷恋不忍去了吧！正遐思之际，远处传来悠长清越的鹤唳，如同扫荡湖面的长风。

09 卧龙湖畔，生态之韵与人文之光

戴长冰　辽宁省政协委员

千年"辽海"，今日"卧龙"。

在东北大地的怀抱中，沈阳卧龙湖自然保护区如同一块镶嵌于苍茫之中的碧玉，承载着塞外平湖的壮丽风光。它融合了山水相连的自然韵律，饱含深邃的辽金文化，织就一幅生态文明与传统文化交织的瑰丽画卷，习近平生态文明思想在这里落地生根，让这片土地焕发出了新的活力，成为美丽中国建设的生动注脚。

晨曦初破，第一缕阳光轻轻拂过湖面，金色的波光与远山的轮廓勾勒出一幅梦幻的景致。林木葱郁，碧波荡漾，卧龙湖以宁静致远的姿态，用它的清波与翠岸诠释着美丽中国建设的深意，让每一位造访者都能感受到那份来自心底的宁静与敬畏。湖水悠悠，远山含黛，满目皆是生命的盎然与生机。山水之间，似乎流淌着千年的对话，那是大自然最质朴的语言，也是"向绿而行"最直接的表达。

夜幕降临，星空如洗，湖面上倒映着点点繁星，静谧而深邃。湖边的花草在微风中轻轻摇曳，散发出淡淡的香气，让人沉醉其中。此时此刻，无论是漫步湖边，还是泛舟湖上，都能深刻体会到人与自然和谐共融的美妙境界。偶尔有几只水鸟掠过水面，打破这份宁静，却又在不远处落下，继续它们的夜航。这份宁静，是对快节奏现代生活的一次温柔反抗，提醒着我们，只有尊重自然、爱护环境，才能真正实现"向新而生"的可持续发展。

及至冬日，卧龙湖迎来了一年中最盛大的节日——冬捕节。冰封的湖面，银装素裹。随着清脆的冰裂之声，鱼跃而出，这不仅是自然的馈赠，也是"冰天雪地也是金山银山"理念的生动体现。大辽捺钵祭祀仪式礼毕，"鱼把头"们穿着传统的服饰进湖、凿冰、下网、拉网、收鱼，一气呵成，展现出东北人民勤劳、朴实的风采。每一次拉网，都是对自然的敬畏；每一次收获，都是对生态平衡的尊重。冬捕节不仅是一场活动，更象征着人与自然和谐共处的生动展示，这是"向绿而行"最丰厚的馈赠。

相比冬捕节的热闹非凡，辽金文化的余晖，在卧龙湖畔轻轻摇曳，古老与现代在这里交融，历史的厚重与自然的清新共同绘就了生动的历史长卷。辽代祺州城古城遗址如同时间的见证者，静静地诉说着千年"辽海"和"春水地"过往的辉煌与沧桑，展现着契丹族的恢宏历史和灿烂文化。行走其间，仿佛能听见历史的回音，感受到岁月长河中，古人与自然和

谐共生的民族智慧与生活哲理，这是对"向新而生"最深刻的注解。

卧龙湖的美不仅在于它的自然人文风光，在这里，生态文明建设的步伐从未停歇。在习近平生态文明思想的照耀下，从城市规划到乡村建设，从工业发展到农业转型，辽宁都注重生态环境的保护和改善，将生态文明建设融入经济社会发展的各个方面，努力实现人与自然和谐共生。卧龙湖通过持续的生态保护与修复，湖水变得更加清澈，生物多样性逐渐丰富，珍稀鸟类在此栖息繁衍，湿地生态系统逐步恢复。在这里，每一朵花开，每一声鸟鸣，都是大自然对"向绿而行，向新而生"承诺的回应，是美丽中国愿景的真实写照。

今天，卧龙湖以她的秀美与深邃，见证了习近平生态文明思想在辽沈大地上结出的丰硕果实。随着生态旅游的兴起，人们在享受自然美景的同时，也更加懂得珍惜与保护这份来之不易的生态财富。在这里，历史与未来相遇，自然与人文共鸣，共同书写着一个关于绿色、和谐、发展的故事。这不仅是对美丽中国梦想的追寻，更是对人类共同家园的深切关怀与责任担当。在湖畔边的每一次呼吸，都饱含着人们对"向绿而行，向新而生"的期许和书写新时代绿色传奇的信心与决心。

在这片向绿而行，向新而生的热土上，卧龙湖映照出人与自然和谐共生的美丽画卷。它是大自然的杰作，更是人类文明与自然和谐共生的典范。让我们携手前行，共绘美丽中国的壮丽篇章，让绿色成为最动人的底色，让这样的美景世代流传！

10 从"万亩松"到"新万亩松"的故事

陈 薇 沈阳市和平区政协委员

黄沙肆虐，如一头狂暴的猛兽，席卷着整个康平县的北部，吞噬着一切生机——20世纪50年代，科尔沁沙地的南侵再一次让人们感受到了大自然的威力和残酷。小秀丽前脚刚跟着父母种好花生，后脚花生就被黄沙裹挟而去，在她童年的记忆里，一块地得反复种上四五次，才能勉强收获一些花生。

"刮风黄沙起，雨来洪水流，今年盼明年，年年都不收……"一句歌谣，道尽康平县饱受风沙之苦的焦灼。"沙进人退"是康平人难以逾越的鸿沟。

1959年大学毕业的高才生张青山毅然放弃了宝贵的留校任教机会，回到了康平老家，踏上了防风治沙的征程。"风沙大栽不活""缺雨水不能活""土质不好不适合""咱这从来没栽过"……面临各种棘手问题，张青山和他的同事沉下心来实地调查勘测，实行多品种树木栽植，不同期栽种等方法，潜心研究，突破探索，终于研究出用樟子松抵御风沙的办法。

每次沙尘来袭，沙粒像无数细小的针尖，割破皮肤的防线，深入骨髓，带来一阵阵刺痛，人们唯恐避之不及。张青山却和他的同事迎沙艰难前行，他们用身体为刚刚栽种好的树苗遮挡风沙的侵袭，用力将树苗周围松软的沙土用双手压实，并紧紧地抓住树苗，即使手被风刮得生疼，也毫不在意，因为他们深知，这些种下不久的树苗，是这片荒地上的一丝生机。

就这样在这片流动的沙丘上，无数像张青山一样深爱这片土地的人，用双手为这里筑起了绿色的"铜墙铁壁"。1974年这里已拥有樟子松、油松1万亩，被称作"万亩松"。"万亩松"堵住了康平县北部最大的风口，治理了沙化土地，保护了10余万亩的良田。万亩松林，绿意盎然，每一棵松树都犹如挺拔的战士，守护着这片土地的安宁。

从此，护林，扩林，成了康平人接续奋斗的目标。父亲的"踏遍千山，只为山更绿"的林业精神深深扎根在孙家店林场第五任场长卢凤学的心里。我们常会看到卢场长春天天刚亮就扛着铁锹，拿着苗木桶开始栽树，直到斜阳西下。夏天修枝、打杈、除草、防虫，各项工作都力求做得完美。在卢场长叮嘱下，没有人"敢"吸烟，因为他经常挂在嘴上的一句话是"吸烟事小，引起火灾，几代人的努力就白费了"。卢场长曾自豪地说："把风防住了，把沙也固住了，经济效益也好了，护林人都非常欣慰。"

三分栽种，七分管护，接力护林，李海、李洪威父子默默传承。在小李的心里，老李总是穿着沾满泥泞的鞋，抱着他津津有味地讲述着各种松树的趣闻。松树是最古老的树种，松树可以扎根在干旱的土地，高大挺拔的叫樟子松，矮小粗壮的叫油松……在老李的讲述下，松树在小李的心中生根发芽，逐渐成长，郁郁葱葱。在守护这片松树林的路上，父子俩一走就是十多年。李洪威说每次走进林子就会被松香包围，这是家乡的味道，也是幸福的味道。

李洪威深知，接力护林不仅仅是一种责任，更是一种使命。他继承和发扬了父亲的林业精神，不断探索和创新护林方法。如今的青年护林员们利用现代科技手段，建立了完善的护林监测体系，通过无人机、遥感等技术手段对林木生长情况进行实时监测和分析。

薪火相传，2012 年，新康平人在县北 30 千米种植"新万亩松"。在树种的选择上，新松林更加注重多样性和生态功能的互补性；在造林方式上，采用了更加科学高效的种植技术和管理模式；在经济效益上，通过发展林下经济、生态旅游等产业，实现了生态与经济的双赢。

松林年年长，万亩又万亩。"如今的花生亩产量从二三百斤一跃提升到五百多斤，'四粒红'花生一斤能卖到 20 多元呢！"秀丽自豪地说。肆虐的风沙被利用到风光火储一体化基地项目的建设，使得自然资源利用更加优化。

昔日的沙丘如今已经变成了绿树成荫的松林，在加强荒漠化综合防治和推进"三北"等重点生态工程建设中，从"万亩松"到"新万亩松"的建设，不仅是对荒漠化防治的深化和拓展，更是对绿水青山就是金山银山理念的生动实践。向绿而行，向新而生，极大地改善了沈阳北部的生态环境，促进了地域经济的发展，谱写了人与自然和谐发展的新篇章。

11　沙海绿洲梦

王英辉　沈阳市政协委员

"三伏"已经结束，初秋的一切仿佛都是新生的。天高云淡，风清气朗。我在"五步一景、十步一画"的卧龙湖畔，徘徊又徘徊。卧龙花海在风中飘摇，湖边的荷花开得炫目，美得惊艳。而此时，我正急切地想了解西北 30 千米之外的海洲。海洲，多么富有诗意的名字！

沈阳之北是康平，康平之北是海洲。最让康平人自豪的是城西的卧龙湖。卧龙湖是辽宁省第一大平原淡水湖，这一巨大的天然氧吧，使康平县素有"沈阳后花园"的美誉。然而，就在辽宁与内蒙古接壤的科尔沁南缘，尚有 151 万亩沙化土地，仍在威胁着全市生态系统。海洲乡曾是科尔沁沙地南缘重灾区。几十年过去了，这个乡森林覆盖率已位列全市第一，昔日的沙漠小镇成了全省有名的旅游打卡地，育林村的万亩松林被列为国家 A 级旅游景区。海洲是康平人实现沙海绿洲梦的一个缩影。

从卧龙湖到海洲，我一直在追寻一个名字，就是奠定"万亩松林、千亩绿基"的沙海绿洲追梦人张青山。据《康平县志》记载："林业工程师张青山在风沙地区海洲乡带领干部、群众植树造林二十四个春秋，实现了全乡绿化。"我此行的目的，就是追忆张青山的沙海绿洲梦，追寻他未了心愿在康平县这片土地上绽放的神奇。

在巨幅"绿水青山就是金山银山"红色标语的映衬下，眼前耸起一座七层高、像宝塔一样的消防瞭望塔。我跟随护林员登上瞭望塔环顾眺望，眼里呈现的是一幅极为分明的双色景观，四周是碧海滔滔，望不到尽头的松林，高处是蓝天下游动的白云。呼吸扑面而来的新鲜空气，我禁不住发出"一弦一柱思华年"的慨叹。

在村支部书记梁晓生同志的引导下，我驱车在绿浪林海中穿行，行进多时才来到森林环绕的育林村。育林村，原来叫韩达窝堡村。据说很早以前，有一位姓韩的蒙古族人来到这里，盖了三间窝棚，开碱锅子制火碱，此地就叫起了韩达窝堡村。20 世纪 60 年代初期，这里地薄坨荒，林木稀少。到了 70 年代，在韩达窝堡村风口成活了千亩樟子松，风沙得到初步控制，该村因此更名为育林大队，也就是现在的育林村。

我们一起走进当年造林固沙的民兵连长王海云老人的家中。王海云老人已经 83 岁了，肤色黝黑，清癯矍铄，思维敏捷。他指着门前一棵高大的樟子松说："这是当年我们建成万亩松后，我为子孙栽的一棵树，已经 40 多年了。夏天，我经常在树下纳凉、喝茶，给子孙们讲述张青

山带着我们突击队造林的故事。"我握着老人的手说："当年不止一个张青山，像公社代理书记湛涑陈、公社副主任孟祥均、大队书记梁俊海、大队长张中选、林场场长陈功、护林员裴有才，还有你，民兵连长王海云、三百多名突击队员，可以列出一长串功臣的名字。"

老人谦逊地说："我们就是农民，就知道干活。人家张青山当年就在我们育林村蹲点，那可是我们老百姓的大恩人。大家都捆在一起干，要不是张青山教我们咋干，带着我们干，我们能干出个啥名堂？后来我当了 18 年的村支书，栽了 18 年的树。张青山叫我们咋干，我们就咋干。他可是我们造万亩松的主心骨。"

张青山，原名张庆山，1959 年毕业于沈阳林校。毕业前，因学习成绩优异，老师曾多次动员他留校任教，但他坚持说："我的家乡沙化严重，那里更需要种树的本事。"毕业时，他本可以留在县城、机关工作，但他毅然决然地选择了扎根植树造林一线。憨厚、朴实的张庆山先后在张强镇、小城子镇从事林业工作，1963 年 9 月奉调到孙家店林场任林业技术员，不久便被县委分派到沙化极为严重的海洲公社任林业助理。

海洲位于科尔沁草原南部，总面积21.8万亩，其中风沙地就占75%。每到春季风一刮，飞沙遮日，沙丘滚动，埋路吞屋，历年都有万亩农田遭风灾，毁种面积达 7000 亩之多，有些地块一年要种六七遍，春前播种、春后出苗的现象屡见不鲜。全乡粮食平均亩产 100 余斤，人均年收入不到 100 元。面对这种情况，林业工作者的高度责任感激励着张庆山，他暗下决心：沙丘不绿，誓不罢休！毅然把自己的名字改为张青山。

经过一年多的调查和勘测，张青山摸清了一座座沙丘的现状。1965 年春季，他从外地买回一棵糖槭树苗，栽到公社机关的院子里，有人看见了，说："海洲这地方从来没栽过这样的树，不能活。"张青山很有自信，他说："如果一棵树都栽不活，海洲的地能绿吗？能把风沙治住吗？"在张青山的精心栽培下，这棵树真的活了下来。于是，他就推广起种糖槭树。据县自然资源局的同志讲，当年海洲到处都种上了这种树。后来考虑这种树不经济，就更换了其他树种。但至少证明了，海洲这个地方是能栽树的，由此燃起了人们的绿洲梦。60 多年过去了，张青山亲自栽培的这棵大树，三四个人都合围不拢，成了海洲乡政府院内的一个景观。

胸有成竹的张青山决定先把沈阳窝堡屯的 500 亩沙坨子列为绿化突破口，他先到省风沙研究所学成沙地樟子松的栽植技术，然后带领村民套上马车，往返三四天去阜新彰武县买树苗，又组成一支植树突击队，反复进行技术讲解和培训。1965 年 8 月 1 日，栽松工程开始了。第二天，正逢大雨滂沱，他和 300 余名村民冒雨栽树，第三天就完成了 500 亩栽种任务。一个月后，70% 的松苗活了，人们奔走相告"松树活了！"一条绿色的路终于展现在海洲人民面前。

张青山的长子张晓利回忆说："我们家前后院有十余种树木，不同时期，不同树种，不同栽法，是他的试验场。"张青山对待每一棵树，就像对待自己的孩子一样。刚开始的时候，许多村民也不理解、不相信他的那套栽种技术，说那叫什么树苗呀，像棵苣荬菜趴在坑里。张青山说："你们就种吧，一年一劈杈，三年就蹿起来了。"一位当年跟随张青山一起造林的老同志回忆，有一次，从外地买回来的树苗放在苗圃院里，各乡镇来分领，个别树苗散落到地上，树根都干巴了，张青山把这些树苗捡回家，在后院挖了一条沟，把这些树苗栽上，天天浇水，居然都活了。后来有的乡镇反映，这批树苗不好成活。张青山非常生气地说："我这些树的树根都干巴了，都能栽活，你们的没干巴，怎么还栽不活呢！"在公社党委和张青山的带领下，转年又栽了 500 亩，后来人们称为千亩松；而有了一千亩，就有了后来的一万亩。

进入 20 世纪 70 年代，海洲人民公社田间林网已经基本形成。有人向领导反映说树太大了，遮蔽阳光，影响农作物产量。当时主管领导听取了这个意见，要将早期栽植树龄较长的林网全部砍伐。但毕竟这是大问题，就召开会议进行讨论。张青山在会上不顾领导的态度，坚决反对。他说："我们这里的风沙还没有完全固化，这样做是违反科学的，是会受到惩罚的。"在他的坚持下，主管领导最后决定，先找两个生产队试试，于是砍了几块地的树。不料，当年春耕，遇上狂暴的西风，这几块地连播三次，都没能出苗，到老秋依然是空白一片。次年，这个行为被叫停，并将已砍伐的田地重新栽植，对尚未完善的林网进一步完善。

20 世纪 80 年代以后，张青山先后担任海洲乡乡长、县林业局副局长，但他仍然吃在沙海，住在沙海，行在沙海，特别是走上林业局领导岗位以后，更担起康平全境固沙造林的责任。海洲人植树的初衷不仅是为了固沙，也有建设一片经济林的想法。但是，张青山最早意识到，在这片沙海中造出的万亩松是生态林，而生态林是不允许随意砍伐的。万亩松建成后，道路两旁的松树又粗又直又高。有一年，村里想把两行树砍伐卖掉，也获得了林业局的批复。在一次乡党委会上，张青山力排众议："我看你们谁敢砍，谁砍我就告谁。那些树是你们栽的吗？树长得好好的，砍什么砍！"张青山懂得护林重于造林，他说："要一分造林九分管，造而不管，

必然是年年造林不见林。"在他提议和主持下，林业局制定了严格的护林制度，形成了村村有护林员，人人都护林的良好风气。多年来，这里从未发生过森林火灾。

张青山1962年结婚，1965年才结束了两地生活。他家距工作单位很远，每天上班要走17里地，工作一忙起来，常常是十天八天不回家，家务全靠妻子干。他住在简陋的村部里，每天吃的是派饭，一顿不落地交钱、交粮票，一个月四十几块钱的工资，补贴家用时已所剩无几。1979年，张青山妻子患了重病，将近三年不能料理家务。这样，家里家外的事全落在了张青山头上。回到家里，他忙着洗衣服、做饭、照顾病人；到单位就更忙了，搞林业计划、解决技术问题等，经常忙活到晚上10点多钟才回家。

张晓利说："从小给我的记忆是，父亲很少回家，常常一个月不见人影儿。我在十几岁以后常常偷跑大队或林场打电话找父亲，告诉他家里要做好吃的了，让他回家。我经常看到父亲和几个人骑自行车从村里过，车上绑着测量仪器，后座架上有一捆黄色的米绳。后来知道他们是在搞规划，确定哪里栽树，哪里修路，哪里是农田，哪里是水渠。从规划到确定树种，采购树苗，保管树苗，直到栽植和后期管理，再加上人员调配、技术指导，事无巨细，他全都一一过问并实际操作。父亲接受新事物快，能把正确的东西很快传递给群众。对工作又极其负责，在海洲带出了一批工作认真、能力较强的林业人。"

20世纪80年代以前，张青山的家就是一个客栈、旅店，亲朋好友常来。虽然不能完全满足亲友的需求，但张青山都是尽力而为，绝不让亲友们空手而归。他老父亲去世时，小弟弟才8岁，他坚持供弟弟读书，直到考上南京气象学院；他还把妻姐的女儿养大，直到成家立业。张晓利说："家里人口多，老人身体又不好，生活拮据，一直到父亲过世，没有给子女留下什么财产，但是他给我们留下了宝贵的财富，那就是一片绿洲，还有为社会多做事、做实事、做好事，不能贪占他人和集体便宜的教诲。"

退休后，张青山依然牵挂他未竟的事业——全市还有二十几个沙化风口没有堵住。他常常自言自语："防沙治沙屏障建不成，我死不瞑目。"由于常年与沙搏斗，极大地损害了张青山的健康，晚年的张青山多病缠身，他曾对孩子们说："我啊，水平不高，能力有限，还事事想做好，事事都想圆满，有时着急上火，有时靠时间和精力去熬……"2006年，69岁的张青山因病去世。他在临终前，把老伴和孩子们叫到身边安排后事："我死后，就把我的骨灰撒在海洲，撒在我栽植过的林地里吧！"他活着未能最终完成全县几代人的夙愿，死了也要看着后人把未竟的事业一步步变成现实。

张青山毕生造林防沙，他的科学精神、斗争精神和奉献精神赢得了当地人民的赞誉。他的事迹经常在"康平卧龙湖作家群"作家们的作品里出现，王甸葆在《沙海松涛》一文中深情地写道："张青山是这一带光秃秃沙地的启蒙者，是这汪海一样森林的奠基者、绿色工程的领路人、造福后代的千古功勋。人们的一句话至今犹在流传——绿了海洲地，白了青山头。"在来育林村采访前，我读到作家薛玉林写的一篇散文《走进万亩松，走近身边的历史》。他向人们深情讲述了海洲万亩松成为当地百姓保护神的一件件往事。

张青山长眠在我眼前的这片林子里，他的灵魂早已和这片土地融为一体。在他的精神感召下，康平人从来没有停止过在沙丘上种树。海洲的万亩松建成了，2014年又在北三家子街道启动了再造新的万亩松工程。为了守护好这片林地，护林员李海、李洪威父子传承张青山等老一辈防沙治沙精神，十年间见证了荒地变林海的整个过程。一批又一批张青山式的林业人，在"与沙共舞"的考验面前，践行着沙海绿洲梦。

现任育林村支部书记梁晓生同志，是当年的大队书记梁俊海同志的孙子。守护沙海绿洲的责任已落在了第三代人的肩上。梁晓生说："张青山等老一辈把我们育林村建成了世代享用的'绿色银行'。我们的责任就是传承弘扬他们'沙丘不绿誓不休'的精神，在万亩松林基础上，再造更多宜居宜业和美的'金山银山'。"

离开海洲，我沿着与科尔沁南缘相邻的北三家子街道、小城子镇、二牛所口镇、张强镇、沙金台蒙古族满族乡一路前行，看到的是风沙吞噬与绝地反击的博弈决战，看到的是千万棵树木和百万人汗水直击风沙，看到的是正在延展的绿洲。新时代康平人在张青山精神的鼓舞下，正在为全面推进乡村振兴注入不竭动力，一场科尔沁沙地歼灭战、阻击战正全面打响，不久的将来，沙海绿洲梦将彻底实现。

12　植柳培堤　送水入辽——历史上治理柳河的功臣新民人荣凯

张　敏　新民市政协委员

柳河，又名新开河，发源于内蒙古通辽奈曼旗南部双山子东坡，流经内蒙古库伦旗、辽宁阜新彰武两县后进入沈阳新民市。在新民境内，柳河自西北曲折流过于家窝堡、周坨子、大柳屯、梁山、东城5个乡镇（街道）47千米，并于东南梁家烧锅村南并入辽河。

柳河源头山区海拔220米，历史上一直水土流失严重。每遇降水集中期，洪水挟河沙下泻，沙水兼半，待流势稍缓时当即澄清沉淤。又因柳河所流经之处，是平原之地，河水涨发，河沙淤积，连年为害，造成淤患节节南移，河道频改。考诸历史，自1886年至1926年，柳河入境新民40年以来，共淹没村屯200余个，东西四五十里，南北七八十里，所有良田皆被沙淤，财产损失、人员伤亡无法计算。1886年，柳河水大涨，将有数千户居民、百余家商号的大集镇——单家五台子夷为平地，这是当时柳河入新民境首当其冲的第一村。由于历次水涨沙淤，河床高于两岸地面及新民县城。

据《新民县志》记载，柳河于1904年、1909年、1910年、1911年、1915年、1923年、1925年7次冲进新民县城。最为惨痛的是1915年6月的柳河大水灾，冲入县城水深约两三米，各街道成为流港，1/3的民房被冲倒，县署房屋全部坍倒……

在清光绪、宣统年间，官府对辽河只有一些小规模的治理，修修堵堵，没有统一规划和标准，基本上没有抗洪能力。1904年，新民知府聘英国水利专家对柳河进行测量调查，"拨款四五千吊"，只绘了一张图纸就走了。1911年6月，柳河水大涨，奉天省派人到新民检查灾情，拟根治柳河，以绝患源。省差找到新民本地士绅荣凯，虽然当时他正在家中"守制"，但还是出来和他们一起研究治理柳河的办法，并提出"凯以事关全境利害，必须往实地调查，方可洞悉形势，再拟办法"。

从此，荣凯开始了调查研究并查阅了大量资料。他骑马北上，巡视二十里以外发现："有柳之处，沙增岸高，而不为患；无柳之处，一片白沙，洋洋带水"。他一路上边看边想："前古治河之道，不外疏浚河流，修筑堤防，唯此河上高下低，无须疏浚，空沙作堤更为不可。河水情形迥异，若非别筹善策，无以为功"。荣凯想到古人有森林治河之说，今天看到眼

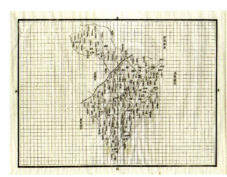

前之柳河岸畔之柳树茂盛之处不被水击，顿悟"森林治河者，即栽柳治河也"。由此他又想到，"柳河之命名，由于土质宜柳，有柳之处即能成岸定统，而不为患"。于是，荣凯向省里果断提出"植柳培堤"四字治柳大纲，同时说明了柳河流域实际情况和为患情形，提出了十条具体建议。省府全部采纳了荣凯的建议，又加上了"送水入辽（辽河）"四字，将"植柳培堤，送水入辽"八字定为治理柳河的大纲。

荣凯治理柳河分三次进行。1911年夏，奉天省金知府亲自勘察柳河，由荣凯陪同。当时骑马行至新民城北二十里处时，遇到了一个高大的沙岗。荣凯和金知府登岗远望，全河在目，河水直冲县衙。金知府大为骇然："此河不治，全县空矣，予为此府何能安心？"荣凯听罢深受感动，在其自述中写道："凯以贤宰之言深为动衷，加以桑梓关系，岂不竭尽愚诚，悉心赞助。"于是继续沿河勘察，沿河巡转，日行百余里，把柳河的全部面貌彻底搞清。而后，荣凯向上提出预算，得到司道会议批准，将要开工时，辛亥革命爆发，清政府下令各项工程一律停止，修治柳河工程就被放下了。此时，已被举为府议事会议长的荣凯，一方面向上级转呈，一方面拨款5000元，用于"堵口栽篱，保护县衙"。而后迅速完成了二十里以外河堤修补，并沿河东岸、县城西北栽柳树一行，培以土堤，使其柳长沙积，成为高岸。

今日新民大地，
柳河两岸，
以水涵沙，
清水长流，
产业兴旺，
全流域生态治理
画卷徐徐展开。

柳河经过初次治理后，1912 年至 1914 年，县城内安然无水患。然而 1915 年至 1925 年，柳河又连年暴发成灾。柳堤作用虽然很大，但受制于铁路横亘，河宽桥窄，不够畅流，荣凯又决定增加十里柳林，自后营子往西，皆成高岸。1916 年治理时，按照荣凯的意见，东三省测量局进行勘测，绘成图纸，由天津铁路局包修，4 月开工，6 月底竣工，使柳河之水顺新开的河道滔滔南下流入辽河。

治理柳河，是新民人民的夙愿。荣凯作为新民人，也是史载第一个治理柳河的人，他为民除患，倾注心血，培堤植柳，送水入辽，得到了当地人民的爱戴。一个传统社会的士绅，能如此专注百姓的事情确是难能可贵。

柳河经过几代人的治理，现在似一匹被驯服的烈马，按照固定的河道奔流不息，造福两岸人民。新民市于 2011 年就开始对辽河、柳河开展生态封育保护工作，划定了生态封育区，植被覆盖率达到了 90% 以上，土地沙化、水土流失得到了有效控制，初步实现了生态保护与经济发展良性互动。今日新民大地，柳河两岸，以水涵沙，清水长流，产业兴旺，全流域生态治理画卷徐徐展开。

徐丽君　大连市甘井子区政协委员

青螺点点　烟波浩渺
长汀迤逦　白沙碧海

还海于民　打造人海和谐典范

山海风韵，美不胜收
依海而生，因海而兴
偎依青山，望滨城锦绣
水清、岸绿、滩净、湾美、物丰……
水润民生，人海和谐

甘井子区东、南临黄海，北濒渤海，渤海区域陆岸线总长 63.6 千米。北部渤海区域由西向东排列着营城子湾、夏家河子湾，国家 3A 级旅游景区——夏家河子海滨景区，3 个海滨浴场——大黑石海滨浴场、夏家河子海滨浴场、羊圈子海滨浴场，斑海豹度假营地，鞍和湾海滩等 10 个亲海空间林立，每年接待游客 30 余万人次。被誉为"黄金沙滩"的夏家河子海滨浴场是大连市著名的海水浴场之一，是游泳爱好者的"天然游泳池"；具有荧光海奇特景观的大黑石海域，吸引众多市民游客和摄影爱好者前往探寻。

甘井子区革镇堡街道地处甘井子区北部，北临渤海，辖区内海岸线逶迤悠长，山林绿地绵延千顷，滩涂广阔平坦，旅游资源丰富。街道秉承"向海发展，还海于民"的宗旨，以文旅产业发展推动落实"党群共同致富"目标，坚持创新、协调、绿色、开放、共享的新发展理念，积极盘活优质资源，大力实施招商引资，依托沿海旅游特色文旅产业集群，打造"生态文旅和健康颐养后花园"。

革镇堡·泊霞湾

湾边塔下，四时变幻
一半碧色，一半山光
阅尽千帆后，寄情山海间
与山同醉，与海共浴
霞光在此栖止停留
心绪在此停泊歇息

我常年生活、工作在革镇堡街道，经营的民宿、养老院就在夏家河子海边，见证了泊霞湾的四季旖旎。根据党中央、国务院关于全面推进乡村振兴战略的总要求，2020年甘井子区委、区政府将革镇堡街道羊圈子村列为全区美丽乡村建设首批示范村。历经近两载，建成占地1.5万平方米的泊霞湾景区，3.5千米滨海彩虹路，1.5千米景区内村路，丰富立体的绿化及亮化工程，造型独特的爱塔、鲸与海、浪花台等景观地标。

为增强泊霞湾景区的文化属性，著名联赋作家、传统文化学者、中国楹联学会会长助理、培训部主任、辞赋文化院院长，中华诗词学会联赋工委会副主任孙五郎作《泊霞湾赋》，并在石碑拓上赋的内容，将泊霞湾的秀丽风光和人文风情描绘在山海之间。

海天交融　山海相见

夕阳下的海更是格外的美
看一轮红日徐徐落下
静待日落霞光渐染
海天交融
看潮起潮落
向海风许愿
与山海相见

革镇堡街道发出邀请并举办了"多彩泊霞湾，魅力革镇堡"摄影、美术、楹联作品征集，吸引了大批市民前来拍照打卡，游人仿佛徜徉在如童话世界的梦幻海岸，畅游"夕照红于烧，晴空碧胜蓝"的人间仙境。泊霞湾景区与夏丽高尔夫球场、夏家河子海滨公园山海相依，如同 3 颗璀璨的明珠，镶嵌在浪漫的渤海之滨。

落日归山海　山海藏深意

搓霞以作鞭，一方塔牧千秋浪
阅海而开卷，十万波翻上善涌
海面波光潋滟
红霞飞舞飘逸
看海边的日出日落
是一种意境
爱上泊霞湾
爱上大连

大连市委、市政府主要领导对泊霞湾项目给予充分肯定并亲临现场指导工作。央广网以《乡村振兴看大连——推进示范村建设 绘就美丽新画卷》对羊圈子村泊霞湾项目进行专题报道，灯塔、广场、海冰等美景分别在央视 1、2、4 套栏目播放，并在央视新闻客户端直播泊霞湾金乌与晚霞。前不久，革镇堡街道举办了泊霞湾文旅项目签约暨景区揭幕仪式，央广网再次以《大连：网红打卡地泊霞湾即将升级》进行专题报道。

栽下梧桐树，引得凤凰来。一湾藏锦绣，孕育古城之灵性；满城好风日，吹响蝶变的号角，多彩泊霞湾，魅力革镇堡，"山海宜居地，未来产业城"正以昂扬姿态奏响乡村振兴新乐章！

14 坐拥山海间 人在画中游

每年一到夏天，海岛游就格外火爆，人们亲近自然的天性需要得到释放，对于时间和精力都有限的都市人来说，到夏家河海滨景区邂逅一场近郊游也是绝佳的选择，经过甘井子区以及革镇堡街道近几年不断的精雕细琢，这里的可玩性不断提高，成为越来越多大连人首选的亲海蓝湾。

精益求精　打造 1.2 千米亲海蓝湾

夏家河子的发展始于 20 世纪初。1907 年，这里建造了火车站，站名就叫夏家河子站。自从有了这座火车站，游人来此就更方便了。20 世纪二三十年代，夏家河子站已经成为由渤海岸线向西南延伸的旅顺口线中一个重要的站点。那个年代，日本著名作家清冈卓行也来过夏家河子。他在自传体小说《洋槐树下的大连》中写道："列车开到了海水浴场。他是小学生，与家人一起。合欢木开着红花。那个地区有一个奇妙的名称——夏家河子，亦即位于大连、旅顺口之间，面向金州湾的地区。"2014 年 4 月 20 日，旅顺口至大连运行了 100 多年的绿皮火车停运了，随着该线路的停运，夏家河子火车站也没有了往日的喧嚣。

夏家河子海滨景区位于北部渤海岸边，坐落于大连市甘井子区革镇堡街道，总占地 16 万平方米，海岸线长 1.2 千米，是大连四大传统海滨浴场之一，也是国家 AAA 级景区。这里沙滩细软，水浅浪静，离岸几百米也只有齐腰的水深，因非常适合初学者游泳而被称为"天然的游泳池"。到了冬季，茫茫大海变成了海冰冰凌公园，神奇壮观，每年吸引 100 多万来自国内外游客夏季游泳戏水，冬季赏冰探险，成为大连一道靓丽风景线。

这一切美景，始于 2007 年。彼时，围绕打造绿色革镇堡，力求在重点基础设施建设和社会环境综合整治取得显著成果的目标，革镇堡街道争取市、区投资 4356 万元，完成市、区重点项目夏家河海滨景区一期建设。紧接着，街道积极争取市、区资金，又投资 1740 万元，完成夏家河子海滨景区二期工程建设。

2017 年，夏家河子海滨景区创建国家 AAA 级景区工作纳入全区旅游品牌创建的重要议事日程。在创建过程中，相关部门对景区存在的问题进行全面摸底，并大资金投入，确保景区创建工作落到实处。当年夏天，夏家河子海滨景区环境和服务质量就得到了大幅提升。2018 年 9 月，景区创建工作进入全面落实阶段，街道邀请旅游专家对创建工作进行指导和培训，景区定期召开情况反馈会议，及时研究解决创建中出现的问题，加快推进景区"创 3A"进程。

在一系列强有力的举措下，夏家河子海滨景区被打造成为环境优美宜人、设施齐备完善、服务细致周到、广受人们喜爱的旅游胜地。2019 年 11 月，夏家河子海滨景区众望所归地被评为国家级 AAA 景区。

精雕细琢　绘就人文与自然完美融合画卷

如今，走进夏家河子海滨景区，最先引人驻足的是入口处的母亲广场。广场内建有东方神女雕塑，造型为中国传统母亲怀抱童子的形象，神态温纯，气质典雅，不仅美观，还寓意深刻，是大连乃至亚洲沿海最具有欣赏价值的标志性雕塑之一。

夏家河子海滨公园楹联基地也充满了文化气息。该基地由两部分构成：第一部分为楹联栈道，栈道长约 260 米，100 幅悬挂于楹联栈道，主要歌颂了中华人民共和国成立以来的成就；第二部分是楹联广场，由 120 米的文化长廊和占地面积 660 平方米的文化广场组成。此外，在楹联基地内还立有《甘井子赋》墙，用于宣扬甘井子丰富的历史文化以及取得的瞩目成就。

精心策划　每个人都能在这里找到乐趣

海滨度假是景区主打产品，依海而建的海滨度假木屋舒适别致，游客在吃海、玩海的同时，住在海滨已成为一种时尚。为了给游客带来游玩吃住一体化的完美旅游体验，景区内拥有儿童乐园、自然沙滩、动物农场、海景别墅、海景瞭望台、40 余家美食商户……自 2021 年以来景区连续举办两届风筝冲浪赛事，吸引众多各地风筝冲浪高手在此切磋技艺，已逐渐成为远近闻名的风筝冲浪训练地。

夏家河子海滨景区除了适合游泳之外，也是赶海的绝佳地点。每天清晨和傍晚，每当退潮的时候，这里都会吸引周边居民和游客前来赶海。人们手里拿着各种赶海的工具——水桶、小铁锹、小耙子逐一上场，用不上一上午的时间，一个大潮就能挖到满满一小桶的海货，除了有常见的虾爬子、虾怪之外，还会捡到花蚬子、小海螺、海蛎子等。近年来，露营成了很多市民的首选休闲方式，大连人也更愿意在夏家河子海滨景区安营扎寨，欣赏带有浓厚文化气息的精致景色，品尝具有大连本地特色的海鲜烧烤。

15 "大连人的母亲河"——马栏河

车 伟 大连市甘井子区政协委员

"树色随山迥，河声入海遥"。在被誉为大连城市"绿肺"、生态屏障的甘井子区红旗街道的西郊国家森林公园内，大连人的母亲河——马栏河从此发源，流经城区西部的甘井子区和沙河口区，向南注入黄海的星海湾。曾经被称为"臭水沟"的马栏河，蜕变成了今天当地群众的游玩打卡地。82 岁的张大爷将马栏河的变化看在眼里，说起它的变化，张大爷就难掩幸福之情，"之前这里臭得不行，几乎没人来。现在环境是真的好了，我经常来这里钓鱼，你看又来了几条鱼……"隔着几米高的护栏，透过清澈的河水，几条鱼在缓缓游动……

"一方水土养一方人"。马栏河是大连中心市区最长的河流，全长约 22 千米，流域面积 71.5 平方千米，沿岸居民 30 余万人。马栏河的记载始于明代，据 1443 年编撰的《全辽志》考，它当时叫"沙河"。那时，沙河中下游是牧马场，养马军户在开阔地设置围栏，夜间将马匹围在栏中，以防走失或野兽侵害，时间久了便称为马栏村。后世的人们喜欢说大白话，就叫马栏子，流经马栏子的河流也因此更名为马栏河。

因为大连是一座缺水的城市，所以马栏河被改变了最初的模样，于 1914 年 4 月至 1917 年 11 月在马栏河上游拦筑了王家店水库，又于 1927 年 8 月至 1934 年 3 月在马栏河中游建造了大西山水库。当时的大西山水库堪称大连市中心市区的生命线，其总库容 1680 万立方米，日供水能力 2 万立方米，占整个城市供水的 1/3。大西山水库作为市内最大的淡水湖，还被誉为"大连的后花园"，周总理先后于 1951 年和 1954 年两次来这里视察。现在还可以找到周总理 1951 年视察大西山水库的旧影，他当时微笑着从岸边走过。除北京以外，周总理停留次数最多的城市就是大连。2001 年 7 月，大连自来水集团有限公司在周总理视察大西山水库旧址竖碑纪念。现在，王家店水库是甘井子区文物保护单位，大西山水库是大连市级文物保护单位。

马栏河是一条季节性河流，雨季为泄洪渠道，旱季为干涸状态。曾几何时，大连人一说起"马栏河"都皱眉头，叫它"臭水沟"。而 20 世纪 50 年代，这里不仅有河沙，还有许多鹅卵石。由于水很清，故而引逗得不少人夏天去河里扎猛子。后来由于建设的需要这里的鹅卵石都被开采光了，雨季每逢中到大雨，雨水和污水挟带着大量的垃圾和泥沙通过截流构筑物的溢流口溢流到马栏河内，这些污水和垃圾在河道内厌氧发酵后散发臭气，严重影响周边环境。

从 1989 年开始，大连市政府先后 6 次对马栏河实施污水截流、清淤、岸墙砌筑、两岸绿化、铺设方砖步道等较大规模的治理工程，马栏河流域水质及两岸环境得到了一定改善。但是由于该

流域开发建设的快速发展、雨污合流体制、污水截流倍数小、下游污水处理厂处理能力不足、入海口处淤泥多年未清理等原因，使河道有时仍存在散发异味问题。2013 年，大连市政府对马栏河进行第七次综合治理工程，解决了马栏河汛期及用水高峰期污水溢流到河床污染环境、影响水质的问题，同时在上游形成新的水体景观，增大了马栏河河道景观水域面积，增强了水体置换能力及自净能力。历经七次治理改造，马栏河河道综合功能大幅提高，河水终于不再泛臭，华丽转身为一条市中心的景观河，波光粼粼的水面倒映着两岸的建筑，形成一道独特的风景线。

每一座城市都会有美丽的遇见，也会有美丽的畅想，绿色生态发展是城市持续性发展的必经之路。2006 年，追求梦想的大连人环绕马栏河中上游的 16 千米河谷，建成了"国家 4A 级旅游景区"大连西郊国家森林公园；2011 年，围绕西山水库建成了平直宽阔的西山湖湿地公园；2014 年，围绕王家店水库建成了曲折有趣的棠梨湖湿地公园。大西山水库、王家店水库作为马栏河流域的生态节点，是汇聚自然生态和人文生态的典范，以绿为本，以水为魂，以路为轴，以景为带，有水有鱼，有花有人，远近结合，错落有致，大力践行"绿水青山就是金山银山"理念，促进绿水青山与金山银山的良性循环。

16 蛋坨子岛上白鹭飞

于永铎 大连市政协委员

站在悬崖之上，两海里外有一座小岛，像一个巨蛋。恍惚间，海上万千的鸟儿如一张网将"巨蛋"笼罩。"巨蛋"是大连成山头海滨国家自然保护区的一部分，当地人称蛋坨子岛。一早，我和鸟类研究专家刘老师来到保护区，准备上岛近距离观察鸟儿。蛋坨子岛面积虽然不足 5 公顷，却是一个热闹之地，每年春夏之季，数万只鸟涌入岛里，在这块小小的地方繁殖或停歇。

"瞧，我的朋友！"刘老师指着一只黑鸭子一样肥大的鸟兴奋地喊。他介绍说，那是海鸬鹚，蛋坨子岛上极为珍稀的留鸟。海鸬鹚全身黑色，并带紫色光泽，像一条跃出水面的大鱼。海鸬鹚的身后，蓝色的天空下，万千的鸟儿在追逐，万千的鸟儿在鸣啾。刘老师喊："瞧，我的朋友，瞧，我的朋友！"每一次喊，就意味着惊喜。爱鸟的人喜欢将鸟儿赋予人的情感，刘老师也不例外。上了船，保护区的同志带我们欣赏"海上小桂林"，小艇转过成山头后，只见峭壁林立，数百个石柱、石洞，鬼斧神工的"神龟吸水""骆驼望海""大将军"等几亿年前发育的地质地貌犹如仙境一般壮观。

途中，刘老师遇到了他的朋友游隼，游隼也是蛋坨子岛上土生土长的留鸟，是北方地区罕见的猛禽，国家一级保护鸟类。游隼虽然凶猛，却不在蛋坨子岛上称霸，它总是漂洋过海飞到大陆去猎捕喜鹊。喜鹊也不会束手待毙，刘老师曾目睹十几只喜鹊大战游隼的血腥一幕。和游隼相邻的是银鸥，不但窝连着窝，就连觅食都要结伴而行。银鸥不像游隼那么凶猛，只有下一代遇险的时候，银鸥才会拼命。保护区没成立以前，一些渔民偷偷上岛掏鸟蛋，一不小心，就会遭到银鸥的猛烈攻击。与留鸟相对的是旅鸟，旅鸟也叫候鸟，春季里，从遥远的南方飞来，南方具体在哪里？对我们普通人来说绝对是个谜。刘老师说，目前还没有一个让学界满意的答案。有说"南方"在澳大利亚，有说在中南半岛，更有的说在南非。不管在哪里，蛋坨子岛却是北方旅鸟重要的落脚中枢。旅鸟每年在这儿"会师"，养精蓄锐后再大规模向北迁徙。

可怜的是一些留下来的旅鸟。盛夏来临的时候，蛋坨子岛宁静而又悠长。渔船路过时，形单影只的旅鸟会低空尾随，有的落在船头，一声不吭，久久地凝视着渔民。渔船晚归靠岸，这些旅鸟突然声声哀鸣，绕船几周而去。第二天渔民出海，旅鸟依然落在船头。当地有个说法，随船的都是"丧偶"的旅鸟，它们失去了随群迁徙的动力，这种说法很像我们人类的"哀莫大于心死"。除了这些孤独的旅鸟，保护区的岩石缝隙、沟壑丛林中经常可见一些旅鸟尸体。它们都是腿断翅折的伤残鸟，为了不连累鸟群迁徙，选择一头撞死。也许，这就是鸟的宿命。

小艇冲上岸后，岛上到处都是颤动的翅膀，仿佛阳光被翅膀扇动，像海潮一样汹涌。万千的鸟儿聚集，啾啾鸣叫，掀起阵阵鸟浪。这哪是鸟鸣，简直就是一场华丽的音乐会。近处的是小提琴的旋律，远处的是铜管的旋律，浪潮的声音更像是厚重的鼓音，多重音色交相辉映，报告一声：大连的春天来了。

"瞧，我的朋友！"刘老师兴奋地喊。白鹭，是白鹭，就是"一行白鹭上青天"的白鹭。国家一级保护鸟类，学名叫东方白鹳。珍贵到何种程度？多的时候，岛里一共才有 12 窝，这在数十万只鸟儿的王国里，简直凤毛麟角。这些年，由于干旱，岛里的植被越来越少，东方白鹳赖以避风遮雨的灌木丛几乎绝迹。最少的一年，来到岛里歇息的还不到 6 窝。为了挽救东方白鹳，在专家的指导下，保护区的工作人员不怕苦不怕累，几个年轻的工作人员在岛上种植了一丛又一丛灌木丛，陡峭的悬崖，徒手爬上去都是一件难事，他们居然背着工具，背着树种，背着几十斤的水爬上爬下……由于多年的努力，保护区内的生态有了巨大改观，岛里的鸟群有了明显增加。

"瞧，我的朋友！"一只白鹭腾空而起。

海浪声起，万千的鸟儿随着白鹭鸣啾，这场美妙的音乐会达到了高潮。白鹭像个优秀的指挥家，一会儿展翅冲霄，一会儿翻转俯冲，蓝天是背景，蛋坨子岛是它的舞台。

17　好生态，引得千万鸟来"栖"

李大永　大连市政协委员

沙滩上，刚孵化出来的小海鸥惬意地晒着太阳；悬崖峭壁，一排排黑黝黝的海鸬鹚站岗放哨；海面上空，是"一行白鹭上青天"的诗意画卷……

万鸟集结

位于大连城山头海滨地貌国家级自然保护区内"蛋坨子"，地处东北亚候鸟迁徙的大通道上，是国家重点保护鸟类黄嘴白鹭、海鸬鹚和游隼等珍稀鸟类的重要繁殖地。每年 4—5 月，夏候鸟繁殖的季节，草丛中、岩缝间鸟蛋随处可见，老百姓给起了一个特别形象的名字——蛋坨子。在这方"弹丸之地"，每年有上万只鸟类在此迁徙和繁殖。

跟随保护区管理人员登上鸟岛，山路陡峭，一路小心脚下两侧的鸟蛋和小鸟。沿坡至半山处一段平缓区，不时会发现两侧路边的草丛内有很多鸟窝，鸟窝里或是三三两两的鸟蛋，或是几只刚孵出的小鸟。拨开草丛，一只黑尾鸥就蹲在小鸟旁边，一动不动。"大的黑尾鸥，是鸟妈妈。"管理人员说，"见到有人来，鸟妈妈都会守护着小鸟，以防受到伤害。"

每年的 4 月中旬，鸟类就会陆续上岛，筑巢、求偶、产卵、孵化，教幼鸟游泳、捕食、飞翔。4—6 月，鸟类最集中，每年约有 5 万到 10 万只候鸟迁徙这里。7 月，孵化出来的小鸟基本学会飞翔了。到了 8 月中上旬，这些小鸟就会跟着大鸟陆续飞离。

眼下，正是幼鸟们学习本领、积蓄体能的时节。天空中，黄嘴白鹭正在教幼鸟如何飞翔，如何借助风势借力而行，"一行白鹭上青天"的队形正在排练中；悬崖峭壁上，一排排黑黝黝的海鸬鹚，像一列列持枪警戒的哨兵一样，整齐地排兵列阵，随时关注着海面，守护着它们赖以繁衍生息的家园；沙滩上，成千上万只今年新孵化出来的小海鸥，带着毛茸茸的羽毛，呆萌地望着上空，爸爸和妈妈正言传身教如何飞翔、游泳和捕食。

"稀客"频来

2014—2019 年间的春季干旱少雨，加上黑尾鸥扒土踩踏，蛋坨子岛上本就稀少的灌木死亡殆尽。而黄嘴白鹭对筑巢环境要求严格，必须筑巢在灌木丛中。黄嘴白鹭一度因缺少营巢所用的巢材，很少光顾这里。为逐步恢复鸟类繁殖环境，保护区采取以自然恢复为主、人

工修复为辅的方式，参考原生植被情况，反复调研周边海岛生态环境，选择了适合恢复蛋坨子岛灌木植被的树种。花曲柳、小叶朴、小叶鼠李、腺毛茶藨子……管理人员对每一棵灌木都如数家珍。

蛋坨子岛山滑路陡，保护区职工却不畏艰险，甚至肩扛手抬向岛上运送淡水，进行浇灌，并通过采集种子播撒的方式缓慢恢复原生植被状况。生态修复初见成效，使鸟岛黄嘴白鹭的生存环境逐步加速向正向演替，黄嘴白鹭又看见了适合它们营巢繁育的家园。在 2024 年的观测中，保护区明显发现黄嘴白鹭数量增多，甚至在一个监控镜头内同时出现了 8 只黄嘴白鹭。海鸬鹚也由有观测工作开始时的一二百只，增加到现在的六七百只。

在攀登东坨子间，同行的管理人员见到幼鸟，就会俯下身子，用布袋将其套上，先是用弹簧秤称重，再用一个铝环套在幼鸟的腿上，然后用钳子将其夹紧，这是在为这些候鸟做环志。 环志是"鸟儿身份证"，可以掌握候鸟的分布和迁徙路线，对候鸟研究非常有价值。在此做环志后的候鸟，在其他地区出现，通过网站可以了解到该候鸟行经蛋坨子岛；同时，在其他地区做环志的候鸟，经过网上查询，也可掌握这只候鸟从何而来。

自 2011 年保护区开始参与鸟类环志工作以来，共计环志鸟类 785 只，包括黑尾鸥、黄嘴白鹭、小白鹭，并不断回收鸟类环志信息，收到新加坡和台湾地区返回的照片，进一步验证黄嘴白鹭迁徙路径。

云端守"候"对候鸟的保护工作，创新与坚守同在。2018 年以来，保护区将科技手段融入传统的管理工作，积极争取国家支持，参与到黄渤海湿地水鸟同步监测项目中来，利用现代化科技手段和大数据采集，经过 4 年的数据积累，不断摸清周边水鸟的迁徙习性，为我国研究湿地生态环境及水鸟迁徙规律提供科考的数据支撑。同时，利用自然资源"调查云"在保护区开展日常巡护，如发现异常或遇到突发情况，可自动记录采集地点、时间、人员等相关信息并上传云盘，随时在云平台上交流分享工作成果，共同守护这片鸟类生存栖息的乐园。

18　良好生态引候鸟"打卡"栖息

刘　景　辽宁省政协委员

木落雁南渡，北风江上寒。
白雪皑皑的寒冬时节，
成群的水鸟在旅顺口区双岛湾街道
张家村的浅滩湿地上栖息。

电影《等儿的湿地》中，讲述了一只东方白鹳在湿地疗伤和一位迷惘女青年自我治愈的故事，极致的自然景观中融合了生命的温情力量，演绎了人与自然和谐共生的美好画面。说起国家一级保护动物东方白鹳，地处辽东半岛最南端三面环海的旅顺口，也与它们有着一年一度的美丽邂逅。

木落雁南渡，北风江上寒。白雪皑皑的寒冬时节，成群的水鸟在旅顺口区双岛湾街道张家村的浅滩湿地上栖息，有的在浅滩水域中觅食，有的在雪地上翩跹起舞，这已经是这些美丽"客人"向南迁徙前来越冬"打卡"的第 13 个年头。

2010 年冬天，旅顺口区双岛湾街道张家村村民偶然间救助了一只受伤的东方白鹳，自此东方白鹳就与这里结下了不解之缘。据了解，每年 9 月末至 10 月初，东方白鹳会离开位于黑龙江省的繁殖地，分批成群往南迁徙，沿途会选择适当地点停歇。旅顺口是它们歇脚的地方之一，在这里，它们需要补饲休整一段时间，继续南飞。

候鸟是生态环境移动的晴雨表，东方白鹳对于水质和自然环境的要求非常高，旅顺口区生态环境持续变好，也是能够吸引东方白鹳前来"打卡"栖息的重要原因。为了保护这些美丽的"客人"，旅顺口区全面落实国家"黄渤海海域综合治理"的部署，强化沿海生态环境的治理保护，打好"蓝天碧水保卫战"。开展了"海域清洁行动"净化海域环境，开展了"清风行动"清洁空气环境，并采用在线监控系统、无人机巡航等科技手段对水产加工、畜牧养殖和野外施工等重点排污企业实施全天候监控。同时，加强环境执法，使辖区生态环境不断好转。空气质量持续优化，最好年份优良天数比率达 91%；5 条主要河道水质均达到五类以上标准；近海水质始终保持在二类以上。

张家村临海有 500 多公顷浅滩湿地，村里成立了爱鸟护鸟志愿者服务队，志愿者们向沿海浅滩水域投放了小型鱼苗，并劝阻居民不要在浅滩钓鱼，以保证水鸟有充足的食物过冬。护鸟队员们还会每天在沿海巡逻，禁止在海滩排放污水、垃圾，防止人为惊扰水鸟，保护好海滩的生态环境。服务队成立十余年来，已从最初的四人壮大到几十人，他们肩负着对东方白鹳进行投喂、看护、救助等工作的重任。

随着生态环境逐年向好，旅顺口吸引了越来越多的水鸟在这里越冬栖息，除了有被称为"鸟类大熊猫"的东方白鹳，还有白脸琵鹭、白鹭、苍鹭、白天鹅等国家一、二级保护鸟类，以及翘鼻麻鸭、绿头鸭等国家"三有"保护鸟类。这些珍贵的水鸟为滨城增添了色彩和魅力，也吸引大批的摄影爱好者及专业摄影师前来拍摄，成为旅顺口区冬季旅游的一道景观。

保护生态环境就是保护生产力，改善生态环境就是发展生产力，张家村把保护环境与发展经济相结合，注册开发了"美鹳牌"水果、蔬菜等优质品牌农产品，畅销远近市场，每年为村民增加收入上百万元。张家村还荣获"全国文明村""全国乡村特色产业亿元村"等称号，被辽宁省确定为首批"两山"实践创新基地。

冬去春来，候鸟北归迁徙，也有越来越多的地方吸引东方白鹳驻足停留，说明我们的生态环境越来越好了。我们要坚定地把"绿水青山就是金山银山"的理念继续走下去，锲而不舍、久久为功，守好蓝天、碧水、净土，助力美丽辽宁建设。

070

19 大连蛇岛——生态奇观见证人与自然和谐共生

张　旭　大连市旅顺口区政协委员

这里，是世界级的生态奇观。

这里，是大连市的生态名片。

从旅顺港经老铁山角向北航行约 25 海里，一座小岛于万顷碧波之中遗世独立，这是世界上唯一一座生存单一蛇种——蛇岛蝮蛇的岛屿——大连蛇岛。

春季，面积仅 0.73 平方千米的蛇岛万物复苏。大量的黑尾鸥、黄嘴白鹭结束在南方的度假生活，经过长途跋涉后又回到蛇岛。它们在这里求偶、交配、生产并哺育幼鸟。近 2 万条剧毒的蛇岛蝮蛇也度过了漫长冬眠期，终于出洞觅食，进入春季捕食阶段，补充生命所需的能量。

一年只吃两餐，择一岛，终一生，这是蛇岛蝮蛇独有的生存方式。喜马拉雅造山运动，使蛇岛从一座小山变成海中孤岛，岛上的动物几乎灭绝，蝮蛇凭着极强的忍耐力活了下来。春秋两季的候鸟是蝮蛇仅有的食物，为了节省体力让自己活到候鸟飞来，蝮蛇学会了夏眠。蛇岛蝮蛇是世界上唯一一种既冬眠又夏眠的蛇。这种极其顽强的生命力使它们得以穿越历史的时空存活至今，创造了生命的奇迹。

蛇岛，不只有蛇、有鸟，还有守蛇人。

蛇岛附近这片海域，曾经是中国北方传统的水产养殖与捕捞基地。面对富饶的近海资源，人类选择让步，成为蛇和鸟的保护者。1981 年春天，蛇岛自然保护区管理处成立，开始了人与蛇共处一岛的日子。这些为科研和保护工作而与毒蛇共处一岛的科研人员被称为"守蛇人"。

从怕蛇到爱蛇，"守蛇人"这 40 年来的辛苦，一言难尽。最长只有 90 厘米的蛇岛蝮蛇毒性很强，"你怕不怕？"这是"守蛇人"们被问过最多的一句话。他们说："如果被蛇咬到了手指，一般情况下会从手指一直肿到手掌、手臂，如果治疗不及时毒素就会顺着血液到达心脏然后死亡。即使及时治疗，那种让人想把手臂砍掉的痛，依然终生难忘，永远不想经历第二次。"岛上几乎每个人都被蛇咬过，但为了保护蛇岛生态环境，他们长年轮流住在岛上。崎岖狭窄的巡岛栈道群蛇环伺，每走一步都是考验，这条路"守蛇人"每天都要走一遍，他们面对毒蛇时令外人难以理解的淡定，都是被磨砺出来的。

蛇岛一年四季不能离开人。他们昼夜与蛇相伴，观察蛇，搞科研，进行种群数量调查；春秋两季，为保护生物链开展护鸟；初夏蛇开始夏眠，深秋蛇进入冬眠，为了不让更多的鼠危害已经没有反抗能力的蛇，要用鼠夹打鼠；冬天还得防火。

他们在生活上照顾蝮蛇。保护区建立初期蛇岛没有水井，蝮蛇靠喝雨水或露水为生。1989年蛇岛曾3个月滴水未降，1万多条蝮蛇生命垂危。"守蛇人"买了800多个水盆，用巡逻船一趟趟从大陆运水，几乎全岛的蛇都出洞喝水，场面之壮观令人惊叹。

他们要做蛇医生。由于进食时蛇嘴经常会被鸟喙划伤，口腔发炎的蛇张不开嘴，进不了食，只能等死。"守蛇人"就得掰开蛇嘴涂上紫药水。蛇嘴太小了，戴着手套没法操作，需要徒手治疗，因此增加了被咬的风险。

40年过去了，从小舢板到现在马力强劲的监察船，从晚上睡觉蛇能闯进来的漏风铁皮房到如今的3层监测站。几代"守蛇人"经历了5代船、5代房，坚守于此，守蛇护鸟，不离不弃，维护生态平衡。40年来，蛇岛蝮蛇种群数量从9000余条上升到近2万条，这些被精心呵护的生命，以自己的方式，维系和改变着世界。

蛇岛，见证并亲历了我国自然保护事业的建设与发展。蛇岛，追求人与自然和谐共生所付出的巨大努力，已经被清晰地看见。

20 春游老铁山有感

朱 晖 辽宁省政协委员

大连，提及这座城市，第一时间涌入脑海的是什么？是它"浪漫之都""北方明珠"的别称，还是它三面环海、位于辽东半岛最南端的地理特征，又或是它冬暖夏凉的宜人气候和永远清新的空气……并非是我偏爱于大连，实在是它的存在本身就与一切美好挂钩。来过大连的人，无一不被它吸引。蓝天碧海、青山奇石，或许是得天独厚的大自然的恩赐，但也离不开人为保护的力量。

大连现有各级自然保护区 12 个，其中坐落于旅顺口区铁山镇的辽宁蛇岛老铁山国家级自然保护区成立的时间最早，20 世纪 80 年代就被确立为国家自然保护区，也是环保系统建立的第一个国家级自然保护区，包括蛇岛和老铁山两个主要生态保护区。老铁山是千山的余脉，不算高，从入口沿着石板路走到观景台也就一千米左右。"老铁山头入海深，黄海渤海自此分"，老铁山最吸引人的大概就是站在山上可以视角绝佳地看到黄渤海分界线。黄、渤两海的浪潮，由海角两边涌来，交汇在此，由于海底地沟运动和两海各自不同水色的作用，形成一道"泾渭分明"的水流，可以清晰地看到黄色和蓝色的分界线。对于这一现象，我出于好奇心查询了相关资料并询问了当地的朋友，大概得到了两个原因：一是地理位置所致。渤海是近乎封闭的内海，三面环陆，分别与辽宁、河北、天津和山东毗邻，湾内海水的流动性较弱。而黄海虽然也属于半封闭海，但处于太平洋西部的边缘，海域相对开阔。二是海水盐度有差异。由于黄河、辽河、海河等河流的入海口都在渤海，因此大量的淡水被源源不断地注入渤海，从而导致渤海水的盐度变低，海水密度整体低于黄海。

陪着友人顺着台阶走到最佳观景点的时候，已经是下午，努力找寻色彩的分界线，但由于海上的雾霭，最后也只是看到海中的一条蜿蜒对流水线。观景台旁边立着的石碑上有一句话：欲见两海分，须得缘心来。想来是缘分未到，就不再执着于看清黄蓝的交界，继续向下，向崖底走去。经过一段陡峭的阶梯，能够到达几近海平面的一个观海平台。这里没有沙滩，在险峻的悬崖峭壁之下波涛汹涌。眺望远处，看不到山东半岛，有的只是白茫茫的海天一色，当真是"海到无边天作岸"最为淋漓尽致的体现。

初春并非来老铁山观赏的最佳时节，秋天才是它展现魅力的时候。每逢秋季，从 9 月到 11 月，来自西伯利亚、大兴安岭、内蒙古草原的百余种鸟类迁徙时会路过这里，或在这里停留数日养精蓄锐，然后漂洋过海，到南方越冬。我国有 1000 多种鸟类，老铁山现已记录的候鸟有 300 余种，其中国家一级保护鸟类就有黑鹳、东方白鹳、白尾海雕、虎头海雕、胡兀鹫、

金雕、白肩雕、丹顶鹤和大鸨，国家二级保护鸟类多达 45 种。由于保护区生态环境的显著改善，体格较大的猛禽越发频繁出现，在迁徙期间会排成比较密集的队形，甚至会出现"鹰柱"与"鹰河"等奇观，如同在黄渤海分界线上空架起黑色的河，在天空上演一幕幕壮观的腾空之柱。由此也吸引了来自全国各地的观鸟爱好者和观鸟团，于是形成了鸟在天上飞，人在丛中笑的和谐画面。

神奇的老铁山，美丽的大自然，毫不吝啬地向人类呈现着神奇和壮观。梭罗在《河上一周》里曾写道："我想我灵魂的色彩也一定是明亮的深绿。"天地万物生于自然之间，人也不例外。在中华民族发展的历史长河中，人与自然的关系一直都是永恒的命题。儒家、道家等主流思想中均保有着丰富的生态智慧，尤其是在"天道"与"人法"结合上有着深刻的认知。习近平总书记创设性地提出生命共同体的理念，将人与自然的关系定位成"共同体"，认为人同自然界的命脉相接。只要追青逐绿的步履不停，始终贯彻"绿水青山就是金山银山"的理念，美丽中国的愿景在不久的未来必将实现。

21 水墨钢城 工业巨擘——鞍山秀美千山与工业巨擘的和谐共生

张文雷 辽宁省政协委员

在中国辽阔的东北大地上，坐落着一座充满魅力的城市——鞍山。这里不仅有秀美壮丽的千山，还有闻名遐迩的老工业企业鞍钢。千山与鞍钢的交融，共同谱写了鞍山这座城市独特的发展篇章。

鞍山千山，以其秀丽的山水风光吸引着无数游客。这里山峰叠翠，溪水潺潺，古刹众多，文化底蕴深厚。春天，山花烂漫，万物复苏；夏日，林海葱郁，清凉宜人；秋季，层林尽染，五彩斑斓；冬季，银装素裹，宛如仙境。千山之美，不仅是大自然的馈赠，更是鞍山人民精心呵护的结晶。

千山风景名胜区不仅拥有得天独厚的自然景观，还融合了丰富的人文元素。这里的历史文化底蕴深厚，流传着许多美丽的传说和民间故事。其中，千朵莲花山（简称千山）名字的由来也有一段美丽的传说。千山有 999 座山峰，相传在远古洪荒时代，有一位名叫积翠的仙女用五彩缤纷的云锦绣织莲花，一连织了 999 朵，被天帝发现，说她偷走了天上的祥云，于是派了天兵天将捉拿她。积翠仙女在挣扎之中把绣好的莲花撒落大地，化作千山诸峰，手中的缝花针也掉入地下，嵌在石缝里，成为千山著名的一线天。于是，千山又有"积翠山"和"千朵莲花山"这两个美丽的名字。

此外，千山还有许多古建筑和文化遗产，如古老的寺庙、石刻和民俗文化等。这些人文景观与自然景观相互辉映，为游客提供了一场视觉和心灵的盛宴。

除了秀美的千山，钢都鞍山作为"共和国钢铁工业的长子"闻名遐迩。鞍钢在 70 余年的砥砺奋进中，见证了新中国工业发展的历程。鞍钢自 20 世纪 50 年代初建设以来，便承载着国家工业化的梦想。从最初的铁矿开采，到后来的钢铁冶炼，鞍钢一直是我国钢铁工业的摇篮和领头羊。在这里，一代代鞍钢人用汗水和智慧铸就了共和国的工业脊梁，创造了一项项举世瞩目的世界第一、中国第一。

进入21世纪，鞍钢紧跟时代步伐，大力推进技术创新。通过引进国际先进技术，结合自主研发，鞍钢在钢铁冶炼、新产品开发等方面取得了显著成果。这些技术创新不仅提高了企业的核心竞争力，也为我国钢铁工业的发展注入了新的活力。

在追求经济效益的同时，鞍钢始终不忘社会责任，积极践行绿色发展理念。通过节能减排、资源循环利用等措施，鞍钢努力打造绿色生态工业园区。这些绿色发展实践不仅为企业带来了可持续发展的动力，也为鞍山市的生态环境保护作出了贡献。

千山与鞍钢的交融，是自然与工业和谐共生的典范。在千山脚下，鞍钢的现代化厂房与青山绿水相映成趣，构成了一幅美丽的画卷。这里的人们既能享受到大自然的恩赐，也能感受到工业文明带来的便利。这种交融，不仅展现了鞍山独特的城市魅力，也为当地经济发展提供了有力支撑。

鞍山，这座拥有秀美千山和辉煌工业历史的城市，正以其独特的魅力书写着新的篇章。展望未来，鞍山将继续依托千山美景和鞍钢的工业优势，推动经济社会的全面发展。一方面，鞍山将加大对千山自然资源的保护力度，提升旅游品质，吸引更多游客前来观光旅游；另一方面，鞍钢将继续深化技术创新和绿色发展实践，为鞍山乃至全国的工业发展贡献更多力量。同时，鞍山还将积极拓展新兴产业领域，实现经济结构的多元化发展，为未来的繁荣打下坚实基础。在未来的发展中，鞍山将以更加开放的姿态拥抱世界，展现出更加美好的未来。

22　百炼成钢　生生不息

高　鹭　鞍山市千山区政协委员

我的家乡位于辽宁中部、环渤海经济区腹地，虽然是一座小城，却有着百年工业历史，素有"祖国钢都""中国钢铁工业摇篮"的美誉，它的名字就是鞍山！

小时候，爷爷常常跟我讲他儿时的鞍山，那时候的鞍山自然资源丰富，峰峦叠嶂、山青水美。虽然那个时代物质、文化生活十分匮乏，但是他们总能找到许多乐子，比如：小伙伴儿经常一起结伴上山抓鸟，下河捞鱼，春天到山上挖野菜，冬天去冻实了的冰面上抽陀螺、滑冰车。最难忘的是将捞到的小鱼就地烤了，那味道鲜香嫩滑得简直要让人把舌头都吞掉了。长大以后，就再也没有尝到过那样的味道了。爷爷的记忆那样久远，又那样让人向往。

在以后的日子，鞍钢加速生产建设，为我国钢铁工业的发展和经济建设作出了巨大的贡献，但同时我们的生态环境也一点点的变了。青翠的山峦变成了灰蒙蒙的矿区，清冽的河水被染成了红色。我儿时认知里的鞍山，就是这样一方笼罩着灰色雾气的天地，空气中混杂着烟尘的气息，生性叽叽喳喳的麻雀懒散地在树枝上踱着步，树叶上蒙蒙的一片尘土。家附近的运粮河，河两岸长年堆放着生活垃圾，河水混杂着上游的企业污水，河道内满是淤泥。随着河床逐年增高，每逢暴雨河水常会漫过两岸，臭气熏天不说，还滋生很多蚊虫细菌。窗户只有冬天是偶尔开着的，凛冽的寒风较春日混杂着沙尘的春风更让人欢喜。那时的我无比艳羡爷爷的儿童时光，可以那么明媚，那么清爽，全是无忧无虑的快乐。

后来，习近平总书记提出了"绿水青山就是金山银山"的发展理念，经过多年的努力，鞍山的环境渐渐有了不同程度的改变，天越来越蓝了，水越来越清了，许多已经干涸的沟渠重新汩汩地涌动出生命的活力，古老的运粮河也再次清澈起来。

上游企业的污水问题治理了，河两岸的垃圾彻底清走了，河底的淤泥清理了，河岸边的道路绿化亮化了，水系和植物生态逐渐恢复了，候鸟也渐渐归来了。整个的水体生态恢复后，鞍山又依托自然生态景观，倾力打造"运粮河湿地公园"，使其成为鞍山市新一代的网红打卡地，吸引来全国无数的游客。流线型的公园广场，点线交错以植物分割出不同的活动空间，湖面上鲜艳红色的亲水栈道让人流连忘返。活动平台和休闲座椅散布在公园内，水生植物和花卉尽收眼底，不时有水鸟浮游于水间嬉戏，动静之中一派生机盎然。

休息日，陪着家人一道去公园。晨起的阳光洒在河面上映出的粼粼波光晃人眼睛，妈妈最爱的亲水栈道是拍出大片的绝佳位置，每次总能收获无数美照；爸爸最爱的滨水区，小马扎、钓鱼竿一应俱全，一坐就是一整天；我是妈妈的摄影师，我是爸爸的小助理，我在甜腻的春风里呼吸着大自然给予的清新空气，我在阳光明媚的日子里感受着太阳暖融融的热意，我珍惜眼前这无边的美景，我感慨爷爷儿时是否有如此的惬意？！

习总书记说："改善生态环境就是发展生产力。"改造后的运粮河正是如此，水污染治理了，河道驳岸软化了，生态系统构建完成，人与自然之间、动植物与环境之间平衡互关。走可持续发展之路，让自然河道与鞍山城市未来发展更加融合，通过水系沟通城市功能区，二者互相呼应形成良性互动。旧钢城换新貌，鞍山水韵文化如一颗蒙尘的珠子，在这一刻又重新焕发出了神采。运粮河这一最具活力的滨水休闲景观带，不仅表达了百姓对美好生活的向往和对精神生活的追求，也展示了鞍山未来将大步踏上生态文明建设之路。

未来的鞍山必将是一个人与自然和谐共处，有着更多生态保护资源的宜居之地。未来的鞍山将处处青山绿水，处处鸟语花香，百年钢城必将迎来它的新篇章，让我们共同期待！

23　昔日尾矿扬尘　今朝瓜果飘香

罗世军　鞍山市立山区政协委员

春花开放，绿意渐浓。春日里走进鞍钢矿业公司前峪尾矿库生态园，倾听 70 余万株果木拔节生长的声音。

当我们漫步在树绿草青、曲径通幽的前峪尾矿库生态园，感受园内月牙湖水的宁静清幽，你很难相信，这里曾是沙尘漫天、飞鸟无踪的不毛之地。在 2.52 平方千米的前峪尾矿库，鞍钢人用 20 年的坚持，让荒凉变成锦绣，贫瘠变成丰腴，矿山尾矿库变成生机勃勃的乐章。

矿山修复——向"生态疮疤"正式宣战

作为我国铁矿行业的龙头企业，鞍钢矿业在百年开采历史中，为共和国钢铁工业源源不断贡献优质矿石的同时，也给自然环境带来了不同程度的影响，排岩场、尾矿库成为矿区内的"生态疮疤"。鞍钢矿业公司东烧厂前峪尾矿库位于鞍山城区南部，曾经是鞍山城区最大的污染源。每逢刮南风，尾矿库的扬尘漫天飞舞，都随风吹到主城区，严重污染城区环境，那时候感觉整个天空都是橙色的。

"环境就是民生，青山就是美丽，蓝天就是幸福"。从 2024 年起，鞍钢矿业公司开始大力推动矿山环境治理修复，把深入践行习近平生态文明思想，坚定不移走生态优先、绿色发展之路作为企业的重中之重，一场下狠功夫、用真功夫，向矿区"疤痕"宣战的复垦大幕正式拉开，最重要的核心任务就是植树造林。

向难而行——让"荒山秃岭"铺满绿植

在排岩场、尾矿库种树？怎么可能活！然而，这些困难都难不倒鞍钢人。没有土，树木不易成活，就把树木种在装满人工制造土的编织袋、柳条筐里；没有水，就在树苗旁边放置装满水的塑料袋并调配水车浇苗。无数次的失败过后，鞍钢人终于成功研制出科学的绿化复垦方法。鞍山冶金集团矿产资源有限公司机电安装事业部绿化队队长张荣朋当年就参加了第一批植树活动，现在仍然负责生态园的维护，他说："2005 年尾矿库百人植树大会战的时候，我和工友在库里浇了整整一宿水。当时天天守在山上，不觉苦不知累，眼看着树苗一点点儿成活，我们才敢松口气。"

就这样，一年接着一年干，一代接着一代干，经过 20 年的不断平整、回填和复垦，曾经的荒山秃岭如今铺满了绿色植被。他们在前峪尾矿库栽种了 44 万株松树，27 万株杨树，南果梨、李子、枣树、核桃、板栗等 10 余种果树，共有近 3 万株，生态园绿化覆盖率达到 100%，把鞍山市最大的污染源变成绿色生态园。一直到现在，张荣朋仍然带领 61 名工友每天穿梭在山林里，负责果木的补植、施肥、病虫害防治以及山林里的防火工作。前峪尾矿库生态恢复实验区，被誉为全国矿山生态恢复面积最大、方法最成功、经济最合理、效果最显著的矿山生态恢复项目，生态是这里最大的资源，绿色是最美的底色。

绿色发展——生态建设蓝图一绘到底

矿山人驰而不息、踔厉奋发、勇毅前行地践行着习近平总书记提出的"绿水青山就是金山银山"的理念，以"钉钉子"精神推动生态文明建设。20 多年来，鞍钢矿业公司累计完成生态恢复面积 3174 万平方米，种植乔木、灌木等树木 1410 万株，先后建成大孤山休闲旅游园、眼前山绿色采摘园、前峪尾矿库苗木培育园 3 个生态园区，被授予"国家绿色矿山示范基地"和"中小学研学基地"。同时，公司所属的 10 座铁矿山都成为"国家级绿色矿山"。位于大孤山铁矿排岩场的鞍钢矿业生态园还被外交部发言人华春莹点赞，在国内外引起强烈反响。

"人不负青山，青山定不负人"。而今，走进鞍钢矿区，随处可见绿色植被，听得见鸟鸣，闻得到花香，还可看到松鼠在林间觅食，一幅幅绿树成荫、鸟语花香、天蓝水碧、人与自然和谐共生的美好画卷让人流连忘返。曾经"植树不见树"，困扰矿山的"老大难"问题已成为历史，鞍钢矿业科技助力复垦的脚步却没有停止。下一步，鞍钢矿业还将投资 7000 万元，利用三年时间打造花园式生态园，"春天看花、夏天看草、秋天看果、冬天看青"。未来，绿色矿山将集休闲、娱乐、餐饮于一体，成为鞍山市民休闲的生态大花园。

24 运粮河的蝶变新生：污水沟变城市生态湿地"后花园"

张世东　辽宁省政协委员

见证千年历史古老河流

运粮河俗称运粮湖，旧称运粮沟。据《辽阳县志》载：1300 多年前，唐太宗李世民起倾国之兵亲征高句丽。在发起辽东城战役之前，派大将程咬金率兵开凿了这条运河，以输运粮草。它是一条流淌数千年的古老河流，见证着历史的沧桑变化和人类生生不息的过程。后世运粮河淤积废弃，河道干涸断流，周边河道脏乱差，此后便成为城市生活污水和沿岸工业企业废水的排放河，全长 41.9 公里的运粮河，竟接纳了鞍山全市一半以上的污水。日积月累之下，运粮河水腥臭刺鼻，河堤垃圾遍布。

运粮河生态环境综合治理

由于河道长期超负荷污染，导致河道过流能力、水体自净能力及排涝能力减小。2020 年后，鞍山市政府加大力度对运粮河两岸生态环境进行综合治理，以生态修复水环境为核心，建设生态景观为主旨，在达道湾建立大型污水处理厂，将经过处理后的水重新引入运粮河，同时清理河床淤泥、拓宽河道、修建景观河堤，在周边种植净化水质的水草、荷花等植物，栽种大量灌木、林木。在生态修复基础上，配套建设沿河健身步道和休闲娱乐等设施。通过生态河道、河道自净系统与湿地的建造，做到以自然的方式恢复生态系统。在全国"十二运会"创建文明城之际，鞍山市在运粮河周边建设大型全运会体育场馆，投入大量人力物力和财力将昔日的污水源建成今天的鞍山城市新景观——运粮河湿地公园。

蝶变新生的运粮河湿地公园

运粮河湿地公园位于高速公路鞍山西出口南侧，该公园是集文化、休闲、娱乐、科普为一体的具有鞍山特色地域风情的综合性城市公园。

1. 新晋网红打卡地

运粮河湿地公园坐落于鞍山奥体中心场馆西侧，经过全新改造，成为一处集公园与水景于一体的城市新景观，是市民休闲娱乐的热门打卡地。公园分南、北两园，以"运"字贯穿全园，5处入口分别为：盛运入口广场、牵运入口广场、通运入口广场、达运入口广场和奥运入口广场。沿河道设置启运亲水广场、鹏运广场和行运广场，展现河道原始风光，满足游人亲水休闲需求。登上览运塔远眺各具特色园区风貌；坐在观运亭或走上红运桥，感受春的生态湿地之美；漫步荷运湖畔，体验夏的诗情画意；走过承运桥来到杏运丛林，在金黄的银杏叶下感受秋的色彩；穿过喜运连廊，在雪白的冬天尽享奥运精神。还有孩子们最喜爱的童运乐园，到处充满着孩童的欢声笑语。

2. 生态湿地科普区

公园以运粮河为主水系，在湖中设置生态岛并种植水生植物，穿越湖心的亲水栈道是这里的"网红桥"，被称作"红运桥"。漫步在亲水栈道上，近距离欣赏湿地主题广场，湿生植物和花卉尽收眼底，众多鸟类在这里栖息，水面上的候鸟、白鹭等飞来飞去。桥上游人热闹非凡，老人休闲漫步感受自然，孩子嬉笑玩耍，青年拍照留下美丽瞬间。湿地公园将生态保护、自然观光、休闲科普融为一体，实现城市生态环境改善，体现人与自然和谐共处的境界。

3. 孩童游乐体验区

这里是公园最热闹的地方，公园设有多样化游乐设施，满足孩童玩耍需求，激发他们的兴趣和热情。公园内的大型沙地滑梯等游乐设施也是其他公园所没有的，在沙堆挖沙玩耍中锻炼他们的想象力和创造力，以及与小伙伴的合作协同。还有亲子互动的小火车、秋千、跷跷板、旋转木马等，以及具有刺激性和挑战性的攀爬和蹦床等游乐设施，孩子们在自由的环境中玩耍、探索与互动，享受童年的快乐时光。

4. 城乡生态融合区

运粮河周边村庄密集，以田地为主，结合乡土风貌和河道现状，规划沿河休闲漫步道及滨水休闲处。通过水质的净化、水生植物的美化，将生态河道巧妙地融入周边居民的生活环境中。通过增强河岸开放空间，勾勒出"宜人亲水"的绿色空间，让老百姓在城市的"后花园"中收获更多的幸福感！

5. 健身运动休闲地

在沿河栈道亲水广场，一边是水天相接的湿地湖面，一边是绿影婆娑的植被。在健身步道上，既可慢跑健身放松身心，又可漫步一览湿地美景，让人心情舒畅，在自然和谐的氛围中拥抱健康，感受运动乐趣。运粮河生态环境的治理成效，是推进生态文明建设的一个缩影。运粮河是中心城区内城市水系、绿地系统重要组成部分。运粮河湿地公园的建设实现了精准治污，使昔日的运粮通道沿线重振发展与繁荣，因地制宜开展生态修复，促进"人水和谐"，创造舒适宜居的生态环境，提升城市生态系统多样性，实现城市发展的生态可持续性。伴随着鞍山未来的城市发展，运粮河将成为鞍山市河道生态治理示范区，城市最具活力的滨水休闲景观带。

25　如诗如画三岔河　湿地美景等你来

吴春雷　海城市政协委员

你不一定知道，从海城市区往西走不到 30 千米，有一处物产富饶的小镇——西四镇。这里是海城的鱼米之乡，主要以种植业为主，是全市水稻的主要产区之一，养殖业则主要是河塘养鱼和水稻田养蟹。这里有一条富饶的河流，即人们俗称三岔河，只因这里是辽宁的三大河流——辽河、太子河、浑河的交汇之处，属辽河三角洲湿地范围。三岔河湿地，既有内陆河流沼泽湿地特征，又有沿海湿地特征，是沿海湿地向内陆湿地过渡地带，独具特点。涓涓的细流滋润着丰饶的沃土，三岔河湿地是充满灵性和动感的自然馈赠，让所有在这里繁衍生息的人们为之感恩，为之赞颂。

走进海城三岔河湿地自然保护区，适宜的温度、清新的空气、茂盛的植被，处处呈现了人与自然和谐共生的美好画面。自然保护区一年四季景色各异，春抹鹅黄，夏堆翠绿，秋集斑斓五彩，冬日白雪皑皑。生态之美，美不胜收。

三岔河湿地位于我国候鸟迁徙的三大路线之一。春季，各种鸟类叫声不绝。雁、鹤、天鹅、野鸭等盘旋于辽河流域上空，休息时分布在滩涂两岸达数千米，姿态各异，甚为壮观；夏

季，蛙声清脆悦耳，芦草郁郁葱葱，凉风吹来，芦波荡漾；秋季，芦花似雪，发出阵阵清香，渔船穿梭于辽河和芦苇之间，勾画出一派水乡风光；冬季，可踩着雪橇任意驰骋，尽享芦乡乐趣。

众多候鸟中，鸭类候鸟和白鹭更喜欢停留在这里。芦苇丛中，它们寻食觅伴，繁衍后代。沿路连片的水田，湿地内丰富的水生环境，数百种野生植物、上千种野生动物……使这里成为摄影爱好者取景胜地。春、夏、秋时节，不少摄影爱好者带着"长枪短炮"，在芦苇丛中蹲守，用不同的视角展现着湿地之美。花草、游鱼、飞鸟、游人，共同形成了一幅和谐的画卷。

海城坚决扛起生态环境保护的政治责任，切实增强做好生态文明建设和环境保护工作的政治自觉、思想自觉和行动自觉，树立了"绿水青山就是金山银山"的强烈意识，真正把绿色发展理念扎根于心，付诸于行。如诗如画的三岔河湿地，恬美淡泊，空旷幽远令人心旷神怡。

26　鞍山有处世外桃源，峰奇泉秀木兰飘香！

张　斌　海城市政协委员

你知道海城东部山区有个九龙川吗？它不仅是省级生态自然保护区，还是摄影、绘画爱好者的天堂，2022 年 6 月 27 日，中央电视台《我的美丽乡村》栏目播出了专题片《木兰香飘九龙川》，这个名不见经传的偏僻小山村，一下子就火起来了！今天就让我带你走进鞍山人心中的这片世外桃源……

8 月的九龙川绿树成荫、生机盎然，虽然已到盛夏季节，但慕名而来的户外驴友穿林钻山、赏花鉴草、络绎不绝。行走在蜿蜒的山间小道，扑面而来的野草芳香沁人心脾、令人陶醉，这里是天然的大氧吧！

泉水叮咚，涓涓流淌，错落有致的河床形成了近百处微型瀑布群，深潭处清澈见底，高山小鲵在这里生存。这是海城河源头的干流，经权威机构检测，水质达到国家一类标准，属于重碳酸钙镁型低钠水。九龙川每道沟都有泉眼，山泉水经过地表植被和山体的层层过滤非常干净，尤其是被遍布山里的中草药根子浸泡后，流淌出来的山泉水营养价值大增，水体外表清澈，水质凉爽可口、味道甘甜，可以直接饮用。冬天的冰瀑更引人入胜，是目前已知海城东部山区唯一的一处天然瀑布，瀑布下的山嘴水库像一块瑰丽的碧玉镶嵌在雄伟的群峰之中，有人称它为"海城天池"！

海拔 1018 米的测量架山和 931 米的一棵树岭，在云雾缭绕的远方若隐若现。落叶松笔直挺拔、高耸云端，最称奇的是一种珍稀植物——高山芦苇，密密麻麻长满了河道的两侧。据说，高山芦苇是环境优劣的晴雨表，当环境不好时就停止生长，当环境好时就迅速生长，成为一道靓丽的风景。

1300 多年前的唐文化，在这里留下了无数的人文典故和历史传说，给九龙川增添了浓厚的文化底蕴，文人墨客在这里吟诗诵词、把酒当歌。保护区内有森林 2 万余亩，各类动物 300 余种，植物种类多达 1094 种，森林植被覆盖率达 92%。这里有 13 种国家级、省级珍贵植物，近 30 种珍贵动物。我国三大珍贵阔叶树种黄波椤、水曲柳、胡桃楸及山鸡、狍子、野猪等野生动物在这里随处可见，野山参、刺五加、灵芝、细辛等名贵中草药遍布林中。这里是野生动物的乐园，是动植物的天然标本库和基因库。

天女木兰是九龙川的灵魂，它是第四纪冰川时期幸存的古老树种，是国家濒危植物之一，属国家三级保护植物。天女木兰是辽宁省省花，中国的第一艘航空母舰"辽宁号"舰徽中嵌入天女木兰花，象征着中国第一艘航母的诞生地，同时也向世人昭示着中国人民解放军不仅是威武之师，同时也是文明之师、和平之师。2009 年，九龙川牌香菇获得了国家有机食品认证；2010 年，九龙川成为沃尔玛超市东北地区唯一的食用菌采集地；2016 年 12 月，九龙川香菇喜获国家地理标志产品认证；2017 年 4 月，九龙川被评为国家 3A 级生态旅游风景区；2017 年 6 月，九龙川香菇通过了国家生态原产保护地认证。

这就是海城的桃花源，放眼未来，九龙川自然保护区将会成为人们休闲度假、流连忘返的生态旅游胜地；九龙川的食用菌、山野菜、中草药、柞蚕、低钠山泉水等特色资源必将掀起保护性开发的热潮，生活在这里的人们会更加安居乐业、生生不息……

27　我的大麦科湿地鸟类朋友

焦　峰　台安县政协委员

习惯居住在县城里的我，对大自然有一种天然的亲近和向往。恰好在台安县境内，就有一处生物繁茂、水鸟众多、四季风景如画的地方，这就是闻名遐迩的台安大麦科省级自然保护区。

我是一位文学爱好者，久久地被这里所吸引，我用自己的文字和镜头记录下这里每一个难忘的瞬间。行走在大麦科湿地，这里没有林立的高楼，处处都有丰茂的植物"竞艳图"；这里没有汽车的喧嚣，到处都是悦耳的百鸟"奏鸣曲"，我也在这里认识了众多的鸟类朋友。

这里气候宜人、物种丰富，是典型的暖湿带半湿润大陆性气候，双台子河、小柳河、旧绕阳河在此汇合。这里到处是挺拔的刺槐、婆娑的杨柳、丛生的沙棘、美丽的紫穗槐等乔灌木，都错落有致地生长着，与丛生的芦苇，浮在水面成片的莲萍相伴，更有那突然跃出水面的各种鱼儿、清澈水中跳动的小河虾、无所忌惮的野生螃蟹、悠闲自在的獾子、活泼可爱的松鼠、纷飞的蚂蚱和蜻蜓……它们都是这里的"常驻居民"。它们时常与我不期而遇，没有惊慌，只有互相凝视和欣赏。这就构成了东西长18千米，南北宽3千米，总面积近两万亩的大麦科湿地，到处是一幅幅别样的春光秋景，散发着清香和韵味。

向大麦科湿地工作人员咨询，得知湿地内有野生动物258种，其中国家级和省级重点保护动物61种，有植物329种，具有药用、经济价值的119种。这数据着实让我感觉意外，细细想来，又在情理之中。这些野生动植物不仅是大麦科的自然资源，也是保护区生态景观价值的重要体现，构成大自然的独特之美。

这里是鸟类的幸福家园，这里是人类的天然氧吧。大麦科湿地这些立体的水生动植物系统，是东北亚迁徙候鸟理想的"免费宾馆"和美食"自助区"。恬静的天鹅、嬉戏的鸳鸯、觅食的野鸭、飞翔的海鸥等众多珍稀鸟类都在这里留下了美丽的身影,落脚在这片绿洲，以此为家。鸟类众多使得保护区动物分布具有鲜明的典型性和代表性。每年春季迁徙季节，大批候鸟来到保护区觅食、休憩，与当地的留鸟一起构成一道美丽的风景线,大麦科保护区也变得生机盎然。百鸟欢鸣，让这里成为台安人休闲向往的"圣地"，观景台上一站，接受着大自然的八面来风、万鸟来朝，好一派辽河水乡风光！

鸟类与人类和平相处，人类与鸟类互相守望。在台安有这样一群人，他们爱鸟护鸟，与鸟为友，为鸟为邻，他们就是台安县野生动植物鸟类协会的志愿者，在会长李旭东的带领下，他们每天巡护在大麦科湿地，《鞍山日报》上经常能看到他们的照片和报道，大麦科湿地的四季轮回，万鸟纷飞，万物生长，都是他们摄影镜头里的"主角"。在欣赏拍摄丹顶鹤、中华秋沙鸭等野生鸟的同时，他们时刻注意保护这些珍贵可爱的精灵，保持适当的距离，不干扰它们的正常生活。每年的"爱鸟周""湿地日"，他们和保护区的工作人员都到村屯进行宣传，结合本地特色，利用宣传单、图片，进村入户宣传生态保护的重要性。通过多年努力，大麦科湿地一切美丽风景和丰富的生物资源，都受到了严格的保护，生态功能、生物多样性及生态安全，得到了极大的保障，这对于促进生态文明，实现人与自然和谐共生，充分发挥湿地涵养水源、调节气候、改善环境、维护生物多样性都起到了重要作用。

高梧引凤，湿地栖鸟。被称为"湿地之神"的国家一级保护动物丹顶鹤，需要洁净、开阔的湿地环境作为栖息地，它们对湿地环境变化最为敏感。丹顶鹤现身大麦科湿地，它们在苇荡中时而觅食，时而展翅飞翔，时而翩翩起舞，这也印证了台安生态环境的持续改善。近年来，台安着力加强生态环境建设，加大湿地生态修复与保护，吸引越来越多的鸟类等野生动物驻留栖息，特别是 2023 年以来，黑脸琵鹭、白尾海雕、震旦鸦雀等世界珍稀鸟类频频光临大麦科湿地。大麦科湿地已成为各种野生鸟类的理想家园，构成了大自然的独特之美。

感受到人类的友好，越来越多的鸟类朋友来大麦科湿地安家落户，安居乐业。这些外来户逐渐成为"原住民"，飞入了《台安鸟类》画册，上了台安鸟类"户口"，与我们一起守护共同的家园——大麦科湿地。

王春海　台安县政协委员

朋友不少，很多都要来台安看一看。台安没有山，台安富有水，每次我都要带他们到台安辽河文化旅游区去走一走，转一转，感受一下辽河的壮美，呼吸一下花海的馨香，再以一席辽河鱼宴接风，一盒台安火勺送行，便是一个完美的旅程。

自古以来，人类依水而居，台安人也不例外。辽河在台安县境内河道长 70 千米，流经面积 858 平方千米，辽河是辽宁人的"母亲河"，自然也是台安人的"母亲河"。"辽河不治，辽宁不宁。""辽河不治，台安不安。"台安县地处辽河下游，素以"九河下梢，十年九涝"著称。1913 年台安建县伊始首先就考虑到治水，加上治所在八角台，把"治"字的"氵"去掉剩下"台"，再加上平安的"安"，便诞生"台安"这个县名。自 2014 年以来，变泛滥荒滩的"害水"为生态文明的"利水"，台安人民用自己的智慧和双手，奏响了生态治理与文旅开发良性互动的华美乐章。清末辽东三才子之一的台安著名举人刘春烺治理辽河的故事流传久远，至今为世人所铭记。治理辽河使台安人民磨炼了钢铁意志，增强了健康体魄，提高了聪明才智，升华了团结奋进，成为今天建设辽河文化旅游区的强大精神动力。

有水的地方就有桥。台安辽河文化旅游区是辽宁省委、省政府确定的辽河流域 4 个生态文明示范区之一。本身就以辽河张荒地辽河大桥为轴，上下游各 5 千米范围内划定为台安辽河文化旅游区，总体规划面积 40 平方千米，河道内外各 20 平方千米，涵盖周边 7 个村。张荒地辽河大桥 1991 年 8 月竣工，全长 1505.64 米，是当时辽宁省最长的公路桥，由此张荒地渡口也完成了它的历史使命。

世代生存在这里的台安人曾经都是捕鱼狩猎的行家里手，成就了特有的台安渔猎文化。贵客来时，这边锅里烧水煮茶闲聊，那边下河捕鱼、入苇取夹就能备好一桌丰盛的待客宴席。现在生态保护，禁渔、禁耕、禁猎……野鸡、野兔、野鸭、野鸟随处可见，自由来去，已无人猎取。我在台安县文化馆的同事李国玉是摄影家，他家就住在辽河边上的这个张荒地村，小时候坐在自己的炕头上，就能看到窗外的片片白帆。

在张荒地渡口遗迹的碑石前，我们纷纷留影纪念，"张荒地渡口" 5 个字神采飞扬，这是鞍山市书协主席李丽敏的手笔。张荒地渡口由来已久，据民国十九年的《台安县志》记载，早在清代道光年间这里就设有渡口，直至民国初年成为全县最繁荣的码头，尤其是每年四月十八娘娘庙会前后，是渡口最繁忙的时节。张作霖统治东北时期设立河防六局，委任娄家忱为局长，有营兵 50 余人，张荒地渡口由此名声显赫一时。每天在渡口停留的商船多达百余艘，只是随着时代的发展，这种繁荣盛况已了无痕迹，只有芳草萋萋，辽水汤汤，仿佛还诉说着当年。

退耕还河，绿水"流金"。生态封育，文旅"变现"。在一个个栈道的连接下，在一个个观景台的登临里，我们目不暇接地看到了一个崭新的彩色辽河，波光澄澈里的白浪滔天、红霞染梦，花海潋滟中的七彩缤纷、万种婀娜。才走过"葵花海""菊花海"，又来到了"油菜花海""野花组合海"……既然是"海"，都在千亩以上，那是排山倒海般的视觉盛宴。栽植的芦苇、蒲草、千屈菜等水生植物也随处可见。每到夏季，题材多样的稻田画就进入观赏期，成为一道别致的乡村景观。更不用说"人工蓄水"的橡胶坝工程、"打造天然"的十二岛屿，以及"重返自然"的千亩人工湿地和万亩森林浴场，更看到了"发展沛然"的未来前景。这里已成为台安最靓的生态景观带，是周边六大城市"一小时生活圈"的生态绿肺、休闲后花园。在台安如诗如画的辽河岸畔，处处是人与自然和谐共生的美妙画卷。这是因地制宜、科学开发的成功之果。漫步花海之中，与工作人员张欣交谈得知，台安人根据辽河两岸堤防及国土空间合理规划布局和辽河国家公园战略定位，"开发与保护并重，水源与节流并举"，充分发挥生态自我修复净化功能，全面完善水林田湖草沙系统综合治理，积极谋划基础设施建设和景点开发建设，形成了自然水系流动全链接的河滩地湿地带，确保辽河台安段的干流生态区域的可持续开发利用，将最美的生态景观展现到世人面前。这是自 2014 年台安辽河文化旅游区成立以来的十年间，台安人用不断拼搏进取的汗水，浇灌出的辽河生态之花、文旅之花。

以生态底色，打造自然美景；以文旅搭台，促进县域发展。台安人民在辽河水的滋润下，在大平原的广袤里，坚持文旅融合发展，深入挖掘"文旅+"与文化、农业、生态相融合的方式，整合辽河文化旅游区、大麦科湿地、花田小镇等优质资源，打造集休闲娱乐为一体的"微度假"旅游模式。围绕群众多层次多样化消费需求，让文化旅游与品牌赛事、绿水青山、冰雪资源联动，打造四季皆有特色、四时不同体验的文化旅游目的地。连续四届的"中国·台安辽河文化旅游节"在这里举行，吸引了海内外的目光。让世界更加了解这里，走进这里。

沐浴阳光，春色正浓。辽河浩荡，大地锦绣。相信在台安辽河文化旅游区这个精彩舞台上，一定会继续上演每一位辽河儿女更加崭新美好的故事。

29　大伙房水库——镶嵌在辽东大地上的一颗绿色明珠

释思济　辽宁省政协委员

在辽宁抚顺，流传一句话，叫作"上水库，下大坑；看监狱，学雷锋"。说的是抚顺市区内的四大旅游景点。后面 3 个是指西露天矿、日伪战犯监狱和雷锋纪念馆，而排在第一位的就是闻名全国的大伙房水库。

大伙房水库位于抚顺市东郊，距市中心 18 千米，是一座兼有防洪、供水、灌溉、发电、养鱼诸多功能的大型水利工程。大伙房水库是我国"一五"计划的重点工程，是新中国兴建的第一座大型水库，1954 年开工，1958 年建成，蓄水面积为 110 平方千米，当年位居全国第二。

大伙房还是一个有历史、有文化的地方。大伙房的名字源于唐代，相传唐朝名将薛仁贵率兵征东时曾两度在这里安营扎寨，埋锅造饭，之后形成村落，即称"大伙房村"，因为建水库时坝址选在此处，故名大伙房水库。

作为清王朝的发祥地，400 多年前这里还发生过另一场著名战役——萨尔浒大战。1619 年（明万历四十七年，后金天命四年），努尔哈赤在此与明军交战，最终以少胜多，连破三路明军，歼敌 5 万人，大获全胜。这场战役揭开了努尔哈赤进军辽沈的序幕，成为"明亡清兴十战役"中最关键的一仗。"萨尔浒"是满语，意为"木橱"，极言其森林茂密，绿荫遮蔽，位置就在今天的水库那里。

如今大伙房村早已沉入水底，大伙房水库及其周边地区却因丰富的林、水资源而于 1990 年被划为省级自然保护区。

大伙房水库是我国九大饮用水源地之一。2010 年，我省规模最大、覆盖面最广的水利工程——大伙房水库输水二期工程建成通水，全长 260 千米，惠及沈阳、抚顺、辽阳、鞍山、营口、盘锦、大连七市，年供水能力达 11.66 亿立方米，极大缓解了上述地区的缺水状况，为辽宁经济发展和老工业基地振兴作出了巨大贡献。

为确保水质，辽宁省环境检测中心每月都对大伙房水库进行水质监测。经过多年持续努力，水库水质总达标率已超过 99%，为辽宁中南部城市群的 2300 万人民群众喝上放心水提供了切实保障。

2017 年 9 月 28 日，辽宁省第十二届人大常委会通过《辽宁省东水济辽工程管理条例》，为进一步优化水资源配置、保障供水安全、促进经济和社会可持续发展，制订了这一切实可行的地方性法规。

中共辽宁省委、辽宁省政府高度重视大伙房水库的水资源保护，省政府曾专门召开大伙房饮用水水源保护区环境监察工作会议，出台了我国首部水源环境监察办法《辽宁省大伙房饮用水水源保护区环境监察（暂行）办法》，为各级政府和环保部门提供了工作规范和施政依据，确保百姓饮水安全。

根据《办法》规定，相关部门对保护区内重点污染源企业超标排放、违法排污、违法从事度假、野餐、垂钓、游泳活动等一系列能够影响大伙房水库水质的违法行为给予严厉惩处。

同时，成立了辽宁省大伙房水源环境监察局。

经过这一整套重拳治理，大伙房水库周边环境变得空前美丽。

大伙房水库远离城市的喧嚣，四周山清水秀，风光旖旎，素称天然氧吧。登上48米高的拦河大坝，顿感"高峡出平湖"之壮观辽阔。纵目远眺，上下天光，一碧万顷；湛蓝的湖水仿佛一面巨大的镜子，倒映着周围山峦的迷人风姿，令人心旷神怡，宠辱皆忘。折返向下，沿着水库周边的曲折小径漫步前行，可见道路两旁繁花处处，草木葱茏，心会立马沉静下来。来到水边，每有微风拂面，远处层峦叠嶂，近处波光粼粼，一阵温馨宁静之感会从胸中油然升起，禁不住心情大开，深深陶醉。

今天的大伙房，空气清新，山林翠绿，湖水澄澈，真的是集自然美与人工美于一体，直如世外桃源一般。

大伙房水库这颗镶嵌在辽东大地上的绿色明珠，问世已经66年。66年来，它默默造福于辽宁人民，不断验证着习近平总书记关于"绿水青山就是金山银山"的科学论断。想想看，不仅它自身的创建需要依托周边的绿水青山，细检它多年来产生的巨大经济价值、社会价值，乃至生态环境价值，又有哪一项少得了这片绿水青山的加持呢？

30 绿满东方唱春晖——抚顺矿业集团东舍场生态文明建设纪实

张 皎 抚顺市新抚区政协委员

这里不是大山名川，却也蜿蜒连绵、雄壮巍峨；这里没有参天古树，却也绿树成荫、鲜花盛开；这里没有惊涛骇浪，却也湖水涟涟、碧波荡漾。这里就是——抚顺矿业集团公司运输部东舍场。

百年矿山，万人植树造林

站在东舍场高高的场地上，登高遥望，远山如黛，环顾四周，近水含烟。每到春夏之交，舍场四周青山绿树，槐花飘香，草木葱翠，如镜的湖水荡漾出灵动的活力。如今东舍场从南至北排弃线，呈高低有别、错落有致，远远望去，边坡如高悬的瀑布顺流而下，蔚为壮观。规划整齐的排弃线、穿梭不息的电力牵引列车、挥洒自如的电铲支臂，偶尔传来的高亢汽笛声，构成了一幅美妙动人生态和谐的美好画卷。

山明水秀、幽静安然的工业文明新景观

大山不语，鉴往知来。东舍场始建于1938年，为日伪时期开采西露天矿排放剥离物的配套排土场。久远的历史日积月累，排弃物含杂的易燃物自燃影响了周边的环境，偌大的舍场成了制约企业发展的短板。近年来，随着国家、省、市、集团公司对生态环境的高度重视，运输部科学规划，合理布局，强弱项，补短板，把东舍场扬尘治理作为环境和生态建设的首要任务，坚持不懈抓实抓好抓出成效。

绿水青山就是金山银山。运输部坚持以习近平总书记生态文明建设思想为引领，连续发扬"三牛"精神，明确了"安全、高效、绿色、环保"的发展目标，确定了"一年打基础、两年见成效、三年上台阶、四年成规模、五年换新颜"的整治方案，科学规划"生产、生活、生态"三大空间布局，本着"边生产、边建设、边绿化、边综合治理"的原则，一方面治理线路隐患，保障运输排弃作业安全；一方面加强生产基础设施建设，改善员工工作条件，集中优势资源，用于扬尘污染治理，全面打造安全高效生产、适宜员工生活、绿水青山生态的百年抚矿新舍场。

多年的植树造林和修整维护，如今森林覆盖，草木繁盛

创新发展拓荒牛。敢蹚别人不敢过的河，才能尽赏对岸的风景；敢拓前人没垦过的荒，才能开辟崭新的空间。电铁人同心同德、风雨兼程，坚持从整治舍场环境入手，深入探索、大胆实践，

成功运用了土岩混排、注浆隔离、边坡覆土等治理手段，累计集中整治陈旧性污染点 30 余处，建设东舍场渗流水管线工程 1200 米、防渗水沟 1220 米，加设水泵形成循环利用，有效解决舍场消尘和绿化水源供给等瓶颈问题。

为民服务孺子牛。电铁人用汗水浇灌收获，以实干笃定前行。"撸起袖子加油干、誓把舍场变青山""扑下身子抓落实、一张蓝图干到底"唱响了新时代奋斗者的激昂之歌。近 10 年来，运输部先后修建 6500 米舍场公路，边坡覆土达 75 万平方米，平整绿化土地面积 127 万平方米，种植花草 4.4 万平方米，种植树木 141 万株，目前已建成了"槐树林、苜蓿园、百花坛、桃花岛、野花组合、195 站绿树带、丁香湖、日月潭"8 个景区，东舍场工区和 195 站工作休息区域，明亮的玻璃长廊，宽敞的员工休息室，整洁的员工生活区。红色的"家""和"大字，寓意为这里和谐、吉祥、幸福的家园。

艰苦奋斗老黄牛。为了彻底改变东舍场的旧面貌，一代代电铁人默默耕耘，无私奉献，面对市场经济潮涨潮落，始终没有改变东舍场在集团公司生产的重要环节和环保建设的特殊位置。电铁人以坚定的政治信念和工作热忱，心怀大局，勇于担当，发扬老黄牛精神，直面挑战，阳光前行，不断优化运输组织、强化调度指挥、科学规划布局、高效组织生产，真正实现了文明生产、绿色发展的美好愿景。

最非凡的成功，不是超越别人，而是战胜自己；最可贵的坚持，不是久经磨难，而是永葆初心。在习近平生态文明思想指引下，运输部践行"让青山常在，让抚矿更美"的理念，用心去领悟生态文明思想的真谛，领悟美好环境带来新生活的哲理，领悟它充实的、内在的、独特的美。

新征程，路漫漫，坚定的信念是战胜一切困难的法宝。运输部将继续保持"咬定青山不放松"的韧劲、"不破楼兰终不还"的拼劲，踔厉奋发新时代，笃行不怠再出发，全面做好舍场综合治理大文章，以高质量发展的新业绩创建更加美丽的抚矿新舍场！

31 醉美龙岗山

佟俊梅 抚顺市望花区政协委员

清晨的这里是静谧的，是虚无缥缈的，白云浮起在半山腰，像缠着的玉带，而松针也裹着雾，像笼着轻纱的梦。因这雾，鸟也晚起，偶尔一两声鸟鸣打破寂静，随之更陷入寂静。只有潺潺的水声不绝于耳，让人有种远离尘世的超脱与享受。

深秋时节，行走在木栈道上，扑面而来的草木香沁人心脾，每一个细胞都被富氧离子浸润着、滋养着，说不出的舒爽。山峦起伏，群峰兀立，沟深林密，溪谷纵横，这里就是位于抚顺市新宾满族自治县东北部旺清门镇和响水河子乡境内的辽宁省龙岗山自然保护区。响水河从这里发源，而我们正在攀登的是位于保护区内的辽宁省第一高峰，号称"辽宁屋脊"的岗山。同行的老杜就是地道的响水河子人，他神情严肃地说："这山啊，可是一座英雄的山，这里是抗联一军根据地之一，抗日英雄韩浩、倪勇林、李红光等都在龙岗山脉一带牺牲。"他指着不远处的遗址告诉我们，著名的爱国将领杨靖宇就曾在这里开过会。他声音哽咽地抚摸着身旁火红的枫叶深沉地说，这些枫叶啊，可都是抗联战士的鲜血染红的。

沿着 1373 级启运天阶一路前行，溪水的声音越发响亮。循溪而上，在清澈见底的溪水里，游着成群的小鱼。老杜告诉我们，这是稀缺的生态物种"细鳞鱼"，传说是专供宫廷的名贵冷水鱼，对环境的要求特别苛刻。30 年前，当地一个叫杨树林的农民见有人抓了细鳞鱼，用一只羊换了下来，放回到响水河里，才得以保护下来。追寻溪水的源头，远望一条白链腾挪于山石草木之间，似白衣女子翩翩起舞。当我们走到跟前，震耳欲聋的响声激荡着耳鼓，水石相击，朵朵水花如盛开的白莲，跌宕起伏，辗转而下，这就是启运瀑布。片片红的、黄的叶子沉静地安睡在小潭底，唯美而纯粹，油画一般令人心旷神怡。真是一处秘境啊！老杜诗兴大发，随口吟出"树冠间的歌者，飞瀑里的音符"的诗句。微风吹起，一层水雾扑面而来，如沐春风。突然，继续攀登的我们被老杜的喊声吸引，只见老杜的脚下，成片的榛子蘑打着小伞，而野山参顶着鲜红的小果。我们惊讶出声，惊得一只野山鸡扑棱棱地飞起，转眼不见了。老杜说这就是一座宝山，因为这里环境保护得好，才给这些珍稀动植物营造了这么好的生存空间。

木栈道曲曲盘桓地向上延伸，前面是逗引着我们的呆萌可爱的小松鼠，脚下是盛开的不知名的野花，阳光渐渐穿过晨雾，投射出炫目的光斑，我们仿佛置身仙境一般。老杜说这木栈道就是保护区为了保护生态，在原有土路的基础上修建的，颇费了些功夫。他说现在保护区的生态环境越来越好了，以前保护区里有百十户人家呢，一听说这里被规划为省级自然保护区，老百姓二话不说，卷起铺盖就离开了祖祖辈辈生活过的地方，搬迁到了新址，这是多大的奉献和爱。

随即他又自豪地说："现在更好了，保护区成立了护林队，他们向绿而行，向新而生，24 小时不间断地巡视保护着这里每一棵树、每一只鸟、每一寸森林和土地，而且现在又增加了无人机的空中巡视，并积极采纳政协委员建议实现了手机信号的全覆盖。"他们还给大树挂上了树牌，给鸟儿增设了巢穴，又给那些未经雕琢的奇石怪树赋予了新的生命，鹰嘴砬子、金蟾石、老龙湾……这些充满想象力的名字与大自然浑然一体，充满灵性。

如果说晨雾掩映下的岗山是浣纱的仙女，那晨雾散去的岗山就是七彩的花园，是上天不小心打翻的调色盘。那漫山遍野的红、橙、黄、绿、紫，配上天的蓝，水的青，就是人间绝美。登顶的一刻，着实令人震撼，撑天的巨石立于天地之间，那雄踞一方的气势带着王者的威严。雾气在阳光下慢慢消散，在山下形成一片瑰丽的云海，五花的山峰浮起在云海之间，如梦如幻。

这大气磅礴、鬼斧神工的岗山，这婉约可人、爱意交织的岗山，为我们铺开了一幅人与自然和谐共融的画卷，它有山的巍峨，水的灵秀，树的奇诡。枫在水中倒影，水在林中歌唱，心形石捧出大地的心跳，仿佛都在向它们的奉献者和守护者致敬，这美丽的景色是由鲜血染成的，是用心血浇灌的，你看那秋枫如火，红透天际。

32 翠影波光：抚顺十里滨水公园的生态和谐画卷

杨林妮　抚顺市顺城区政协委员

在抚顺市的心脏地带，有一条蜿蜒的河流静静流淌，它见证了这座城市的变迁，也孕育了一片生态之美的绿洲——十里滨水公园。这里，是自然与人文的和谐交融，是城市中的一片净土，是人们心中的一片宁静之地。这里也是我上下班的必经之路，每天，我骑着自行车从这里经过，见证着这里绿意盎然的生态之美。

浑河，这条抚顺的母亲河，自古以来便滋养着这片土地。河水悠悠，带着岁月的沉淀，流淌在城市的脉络之中。它不仅是一条河流，更是一座城市的生命线，承载着无数人的情感与记忆。十里滨水公园，便依偎在这条河流的怀抱中，倾听着它的诉说，感受着它的脉动。

走进十里滨水公园，首先映入眼帘的是那一片片翠绿。霜叶园、松杉园、绿荫园、胜春园、柳杏园……每一个名字都透露出生机与活力。树木苍翠，花草繁茂，它们在这里自由生长，构成了一幅幅动人的画卷。公园内的树木不仅为市民提供了清新的空气，更成为城市中的一座天然氧吧，让人们在忙碌的生活中，能够呼吸到自然的芬芳。

十里滨水公园不仅是一处供人休憩的场所，更是一座生态的宝库。公园管理部门深知保护生态环境的重要性，他们通过定期的水质监测、环境保护措施，确保了浑河水质的清洁和生态环境的良好。在这里，人们可以看到水鸟在河面上翩翩起舞，听到夜晚的虫鸣蛙叫宛如交响乐。每一片叶子、每一声鸟鸣，都是生态之美的见证。

十里滨水公园是市民休闲娱乐的好去处。清晨，当第一缕阳光洒在河面上，公园里已是一片热闹景象。有人在晨跑，有人在打太极拳，有人在跳广场舞。每个人都在这里找到了属于自己的快乐。公园内的篮球场、健身广场等设施，更是成为市民健身的好帮手。在这里，人们不仅能够锻炼身体，更能享受到与自然亲密接触的乐趣。

十里滨水公园不仅有着美丽的自然风光，还是抚顺市的文化传承之地。公园内的壁画、雕塑，无不展示着这座城市的历史与文化。每当夜幕降临，新华桥下的千人大合唱成为一道独特的风景线。在这里，人们不仅能够感受到音乐的魅力，更能体会到文化的传承与力量。

抚顺市十里滨水公园的建设与维护，是这座城市对绿色生态的承诺。从公园的规划到管理，无不体现出对生态环境的尊重与保护。在这里，人们可以看到政府和市民共同努力的成果，感受生态文明建设的成就。

十里滨水公园的美，不仅仅在于它的自然景观，更在于它所展现的生态理念。这里的每一步设计，每一次活动，都在向人们传达着与自然和谐共处的理念。公园内的亲水平台和贴水栈道，让人们能够近距离地感受水的温柔与力量。而那些在河边悠闲散步的人们，更是在享受着生态之美带来的宁静与和谐。

在十里滨水公园，人与自然的关系达到了一种和谐的状态。人们在这里不仅能够感受到自然的美好，更能够学会如何去尊重自然、保护自然。孩子们在父母的陪伴下，观察着河边的植物和动物，学习着生态知识；年轻人在树荫下读书或交谈，享受着自然的宁静；老人们在晨光中打太极，寻求着身心的平衡。每个人都在这里找到了与自然和谐相处的方式。

十里滨水公园是抚顺市生态文明建设的一个缩影。在这里，我们可以看到生态文明的理念被具象地践行。公园的建设和管理，都遵循着可持续发展的原则，既满足了人们休闲娱乐的需求，又保护了生态环境的原始面貌。这种对生态的尊重和保护，不仅为抚顺市带来了绿色的环境，更为市民带来了健康的生活方式。

十里滨水公园，这片生态之美的绿洲，是抚顺市的骄傲。它不仅是一处公园，更是一座城市的绿色名片。在这里，我们可以感受到生态之美的力量，体会到与自然和谐共处的美好。让我们珍惜这片绿色的宝藏，共同守护这份生态之美，让十里滨水公园成为永远的绿色传奇。

33 "双红"引领绿色发展富民路

高福容　抚顺县政协文史员

金秋十月，抚顺县三块石的枫叶红了！驱车漫游在蜿蜒数千米峰回路转的"十八弯"枫叶景观路，你一定会被层林尽染、飞霞霁虹的漫山红叶所震撼，这就是抚顺县因红色枫叶而声名远播的赏枫景观大道。

10分钟后，一个名叫佟庄子的红色村庄映入眼帘，这里曾被誉为"敌后游击战争的一盏明灯"，三块石国家森林公园因此而成为辽宁省著名的红色旅游区。时逢赏枫季，佟庄子村游人纷至，在感受大自然秋天神韵的同时，也开启了欣赏大美枫叶的视觉盛宴和重温内心峥嵘岁月的"双红"之旅。当金色的阳光洒落在安静祥和的抚顺县后安镇佟庄子村，农家乐里热闹非凡，游客们三五成群，有的忙着拍照、有的忙着点菜、有的忙着在天然醉氧里 "洗肺"，村里到处洋溢着欢声笑语，一幅美丽和谐的乡村图景徐徐打开。这是抚顺县树立和践行绿色发展新理念，以"红色文化"为引擎，加快推进发展乡村旅游，促进乡村全面振兴的美好画卷。

红色基因奏响乡村振兴曲

三块石国家森林公园脚下的后安镇佟庄子村，是一个有614户人家的村落，这里曾是东北解放战争时期坚持敌后游击战争中最坚强的一块根据地。一首《三块石的月光》，将那段红色历史真实地诠释并清晰地浮现在眼前……

佟庄子村背靠大山，几十年如一日，如何发展成为当下亟需破解的难题。为实施乡村振兴战略，抚顺县坚持保护与开发并重，在"绿色"开发三块石的基础上，挖掘了更多"红色"元素，

景区内先后恢复了暗堡、地窨子、大碾盘等抗联遗址遗迹，三块石成了远近闻名的集红色基因与自然生态于一体的国家 4A 级红色景区。村内 70% 的农户因此端上了旅游的"金饭碗"。旅游发展不仅让村民的钱袋子鼓了，更重要的是通过旅游拓宽了村民的眼界，实现物质和精神"双脱贫"。"红绿融合"让有着红色记忆的佟庄子村搭上了乡村振兴的快车，奏响了高质量发展的"振兴曲"。

红色之旅走出富民小康路

建一个景区，富一方经济。三块石风景区负责人刘敬喜主动亮身份、做表率，亲自讲授三块石地区革命根据地的红色故事；佟庄子村老党员宋贵林自愿做起了抗联遗址的公益导游。抚顺县委、县政府为做足做好红色引领的大文章，不断完善三块石红色旅游配套设施建设，陆续投资建设了红色广场、抗联小路，杨靖宇指挥所等红色景点，每年有 500 多个省内外党组织在此重温入党誓词、重走抗联路，聆听和感悟革命红色故事。2018 年抚顺县三块石国家森林公园被评为辽宁省爱国主义教育示范基地。

抚顺县三块石国家森林公园的蓬勃发展带动后安镇佟庄子、鸽子洞、馒首地区 300 多名农民直接或间接参与乡村旅游经营。过去只会在地里刨食的贫困户已经越来越多地开始在景区从事服务性工作，有的村民做了山货售卖员，有的当起了景区"红色导游"，也有的开办农家客栈，乡村旅游已经成为佟庄子村经济增加支柱产业。"农家乐"富了农家也乐了农民，绿水青山变成了取之不尽的金山银山。

"双红"引领绿色生态大发展

头雁带领群雁飞。党员刘敬喜介绍，"让党旗更鲜艳、让游客更满意"是我们三块石风景区党支部的根本职责。近年来，抚顺县以人居生态环境整治为切入点，引导三块石周边村落将红色元素与美丽乡村结合起来，依托春赏一岭野花、夏游青山绿水、秋观漫山红叶、冬吟白雪银驰的四季旅游项目形成了"春品山野菜、夏喝山羊汤、秋焖蛤什蚂、冬吃杀猪菜"的三块石"四吃"特色乡村旅游饮食文化。目前，佟庄子村现有农家乐 60 余户，年接待游客 10 万人次以上，旅游综合收入达 5000 万元。

佟庄子村依托丰富的红色历史和绿色生态发展乡村旅游，不断激活乡村振兴的"红色动力"。三块石景区内陆续推出了以红色教育为基础，绿色生态游为重点，金色美食游、登山健身游、演艺文化游和休闲养生游等特色的旅游产品，为助推抚顺县打造"产业兴旺、生态宜居、乡风文明、治理有效、生活富裕"的乡村振兴美丽画卷涂上浓墨重彩的一笔。

好山、好水、好生态，为抚顺县发展生态旅游、乡村旅游提供了得天独厚的条件。以点带面，抚顺县将红色文化融入田野景观、乡间民宿、农耕体验、村容村貌中，陆续开发了天女山森林公园、梨花谷、花田拾光等生态旅游项目，将红色优势转化为绿色发展优势，实现良性循环，达成了生态保护与经济发展的双赢。生态文明建设没有完成时，只有进行时。守住绿水青山，换来金山银山，抚顺县"转身向绿"的脚步不会停歇，美丽抚顺县铺展的生态画卷一定会更加精彩。

赵郁翠 抚顺县政协文史员

出了我的家乡抚顺县，"社河"这条河流就鲜为人知了。而"大伙房水库"这个名字，至少在辽宁，应该是如雷贯耳了吧？毕竟她是我国九大饮用水源地之一，被称为辽宁省的"生命线"，承担着沈阳、大连、鞍山、抚顺、营口、辽阳、盘锦七座城市2300万人口供水任务。而社河，是抚顺县最大的河流，是大伙房水库三大支流之一，是库区水量供给和水生态安全双重重任的担负者。

十年前的社河湿地，经常发生洪涝灾害，河道与水体均受到严重破坏，挖沙取土无序进行，捕鸟网鱼经常发生，垃圾漂浮物无人清理，看着这本应美丽的河流满目疮痍的样子，居民们都感到无比的痛心。好在2013年，我们收到了县委、县政府决定举全县之力建设辽宁抚顺社河国家湿地公园的喜讯，也是自那个时候起，社河得以渐渐恢复自然生态，而社河湿地，亦成为大伙房水库的一道生态安全屏障。可以毫不夸张地说，社河湿地的建设，是抚顺县践行生态文明理念的一个生动实践，有着不可磨灭的历史意义。

由市区驱车经由抚金线路过秀水山庄后就进入了社河国家湿地公园的地界，这条被称为"最美乡村道路"的网红小路在这一路段一边是烟波浩渺的大伙房水库，一边是莽莽苍苍的无边森林，春天新碧如洗、夏天繁花灿烂、秋天层林尽染、冬天素裹银装，每一季都是一幅妙笔绘就的丹青画卷。站在河口园的观景塔上极目远眺，远处碧波荡漾、群山叠翠，飞鸟翩翩携鱼行；近处晴川历历、芳草萋萋、鸥鹭翔集、锦鳞游泳，足见社河国家湿地公园有着湿地生态系统和森林生态系统相间分布的突出生态特征，景观类型多样，生物多样性丰富。

我知道，湿地被称为"地球之肾"，是蓄水防洪的天然"海绵"，还能保护生物多样性。带着这一观点去看社河湿地，几年来，社河及其支流两侧建起了绿色的保护网，不仅阻挡了挖沙取土、滥捕乱网等行为，也使得内部动植物得以休养生息；建设者们还采取人工辅助天然修复的方式，在保留原有植被的基础上，寻找生态脆弱点补植乡土优势树种、草种——红毛柳、芦苇、菖蒲等，使得湿地植被迅速崛起，几年内便全面覆盖，湿地内的鱼鸟蛇虫也得到了极好的生长空间，数量、种群大幅度增长，河口园、抄道园、四家子园、郑家园等园区是这方面建设的典型。

说来奇怪，我是最反对以柳树作为绿化树种的，因它春天飘絮，秋天落叶，一不小心还会引起过敏，但是栽在湿地里，却显得那样生机盎然，不会让人有一丝一毫的厌烦。而且我亲眼看见这一树种即使被汛期洪水冲过，抑或在冬季齐腰的水位里被冻折，来年也会发出新芽，长成一片郁郁葱葱。

建设国家湿地公园的一个重要意义便是通过科普与宣传，提高全社会对湿地的认知，营造全民爱护湿地的舆论氛围。我特意造访了建在后安镇郑家村游客服务中心的社河国家湿地公园科普馆，馆中分为实景展示区、湿地功能区、湿地建设区、生物多样性展示区、全景沙盘区等 5 个展区，展示了辽宁抚顺社河国家湿地公园建设以来的诸多成果，省、市专家给予高度评价，认为其建设水平在省内位居前列。它的实景展示区通过木栈道、卵石流水、仿真树木、动植物仿真标本营造室内湿地景观，使人宛若身临其境，在东侧占据一面墙的巨幅图片尤显壮观；湿地功能区分为辽宁抚顺社河国家湿地公园简介、神奇的湿地、湿地科普知识、我国的湿地类型 4 个部分；湿地建设区展示了湿地公园在建设前、建设中、建设后的图片，生动具体地展示了辽宁抚顺社河国家湿地公园的建设过程；生物多样性展示区由公园内常见的、具有代表性的动植物图板简介组成；全景沙盘区根据公园的地形图制作了全景沙盘，使社河国家湿地公园完美呈现于游客面前，湖光山色一目了然。这一展馆，足以成为当地湿地科普宣教的中心与样板，可以使市民更加亲近湿地、了解湿地、爱护湿地。而社河国家湿地公园在宣传方面也是全方位、无死角地进行着，在河口园设立了湿地文化宣传广场，在四家子园建立了湿地文化宣传长廊，至于湿地宣传标语更是俯拾皆是、巨微并至，大到擎天柱宣传牌，小到树木名称标示牌，以及每年湿地宣传日的横幅、标语，让市民可以系统地了解湿地科普知识，成为保护湿地的先行者。

偶尔闲暇，我会登高远眺，社河湿地内那碧玉妆成的一川烟柳和着萋萋芳草，掩映着偶尔飞起的一行白鹭，水面上白骨顶鸡、秋沙鸭自在游弋，这一幅云山淡淡、烟水悠悠的自然画卷，是多少思乡游子的梦里家园。在我粗浅的认知里，生态文明亦是物质文明发展到一定程度的体现。我相信，随着家乡的日益繁荣、富强，我们将迎来更加令人瞩目的生态文明，届时抚顺县的山更绿、水更清，社河湿地这颗洒落辽沈大地的明珠将更加熠熠生辉、绚丽璀璨。

35　人说新宾好风光

刘　冶　新宾县政协委员

人人都说家乡好，我也说说新宾好风光。从地图上看新宾就像一只展翅欲飞的蝴蝶，镶嵌在辽东的版图上，美丽的新宾用人杰地灵、钟灵毓秀来形容也不为过。

龙山苏水奔腾起舞，人文自然熠熠生辉。苏子河是境内最大最长的河流，与富尔江、太子河鼎足而立，养育着 30 万新宾儿女。辽宁屋脊岗山与境内十数座海拔千米高峰构成雄奇群山，丰富的自然资源是全县人民生存的靠山。苏子河大湾区九曲回肠，富尔江两岸稻花儿飘香，太子河畔鱼米之乡，猴石、岗山、和睦森林公园横贯东西，三珠落玉盘，永陵、赫图阿拉城居宝地，二龙戏珠。

20 世纪 80 年代，人参是新宾的支柱产业，漫山全是成片的人参帘子，山地也种上了庄稼。开荒导致严重的水土流失，平时河里水少了，泥沙多了；汛期山上存不住水，山水夹着泥沙倾泻而下，农田少了，田园小了。严酷的现实让新宾人猛醒，县委、县政府做出了退耕还林、退参还林的抉择。随着地板加工业的兴起，导致滥砍盗伐、私收乱购林业"两乱"现象十分严重，县委、县政府又出台了封山育林、打击林业"两乱"专项斗争文件，保护绿水青山。

20 世纪 90 年代初，新宾做出对东南公路两侧开山炸石留下的淌石溜进行绿化的决策，采取木盒容器苗木工程造林的方法，选用耐旱的刺槐苗木，3 年时间硬是在满是砾石砬头的山上营造槐树林 3000 多亩。现在这些槐树已经长高长粗，东南公路沿线绿树成荫。

进入 21 世纪，新宾进入了全国生态建设示范县行列。新宾把生态立县始终作为第一战略，坚持抓牢抓实生态建设和保护，在退耕还林还草保护生态的同时，引导农民发展林下参、平地园参、香菇等产业，做到了保护与发展有机结合，逐步实现了封起来、绿起来、富起来的目标，结合美丽乡村建设，以农村垃圾分类为突破口，让新宾美起来。

苏子河把山城截成南北两大块，人们把河水用橡胶坝和水闸拦住，县城就多了 4 个人工湖，水舍不得走，城就有灵性。堤绿花红，楼水相映，半城烟火半城水，小城就多了几分妩媚。

苏子河下游自然风光美如画，大湾区千回百转，令人荡气回肠。沿苏子河边的东南公路进入新宾，你就进入了绿色海洋。山上碧绿，田野透绿，河畔草色青青，路边鲜花盛开，东南公路风景带可以说是一带一路风光美，仿佛人在画中游。乘车抵达猴石、和睦、岗山三大国家森林公园，你也在园中成仙了！岗山是辽宁省的最高峰，号称"辽宁屋脊"，这里山峦起伏，群峰兀立，沟深林密，溪谷纵横。有着得天独厚条件的岗山境内有原始森林561公顷，植物种类繁多，有辽东人参、天女木兰、红豆杉等多种濒危植物。最高峰脚印峰高山气候奇特，天然植物群落垂直分布特征明显。春到岗山要晚上一些，全绿起来，嫩黄娇艳，青翠欲滴。每年六月中旬，当大地春花谢尽，丛林滴翠之时，峰顶却是一片花海：高粱穗似的红丁香，如少女妩媚多姿，衬着满树金色球果和苍郁龙钟的云杉，红绿相携，高低有致。而到秋天，则霜叶满山，层林尽染，景色更为迷人。隆冬时节，岗山银装素裹，白雪青松，一片雪世界。金猴拜月，象形象意，掬一明月在手，猴石形意得名。森林是人类赖以生存的宝贵资源，冰川地貌给我们留下了美丽的自然风光。给我最深的印象，这里是消暑胜地，炎炎夏日，下车还是一身暑气，进入遮天蔽日的林荫山路，通体清爽，连脑子都清醒起来，充满精气神，说是天然氧吧，进来你就会有体会。

如今的东南公路风景带，一带一路一河风光无限。人在路上走，仿佛画中游。春来群山吐绿、杜鹃如火、梨花似雪；夏至绿水青山、河成玉带、田野葱茏；秋分层林尽染、五花散放、四野金黄；冬至银装素裹、松青雪白、万树梨花。一年四季，好一派新宾风光。东南公路变身百里画廊，一路山水田园人家，山清水秀人风流。绿水青山就是金山银山，美丽新宾大有可为，家乡儿女再奋进，共创新宾振兴可期。

36　绝顶美人　天生丽质难自弃——老秃顶子国家级自然保护区生态发展一瞥

李　黔　辽宁省政协委员

一方水土养一方人，白山黑水滋润下的东北人，幽默、豪爽、大气，就连起的地名都带着几分随意，山峰叫顶子，比如辽宁省第一高峰，素有"辽宁屋脊"之称的老秃顶子山，就主打一个抠脚大汉的形象。实际上，带着搞笑的第一印象，走入老秃顶子山深处，人们才深刻理解到什么是"唐突美人"。

在辽宁境内，唯一可以在登顶后，有资格吟诵"会当凌绝顶，一览众山小"的山，非老秃顶子莫属，无论是哪个意义上的"绝顶"。老秃顶子海拔 1367.3 米，为辽宁最高峰。因山高气肃，无霜期短，冰雪覆盖时间长，山顶有千余平方米光秃荒凉地带，因此而得名"老秃顶子"。1982 年，老秃顶子被列为省级自然保护区，1998 年被列为国家级自然保护区。

老秃顶子自然保护区的中山植被呈现明显的垂直分布带谱，不仅我国少见，而且所形成的植物群落各异，拥有完整的、典型的原生型红松阔叶混交林植物群落。这里的空气质量奇佳，被誉为天然的森林氧吧。老秃顶子山地处北温带大陆性季风气候中的辽东冷凉湿润气候区，辖区内负氧离子浓度平均每立方厘米高达 8000 个，个别地点瞬时可达到 10 万个以上，来到这里绝对是一次最朴素、最实用、最有效的"洗肺"疗愈。

空气清新的另一个原因是植被茂盛。这里森林覆盖率高达 98%，属于"森林生态系统类型"，是一个天然的物种基因库，野生动植物种类多达 3112 种。根据国家林业和草原局最新发布的公告确定，保护区现有国家重点保护野生动物 42 种，国家重点保护野生植物 19 种。

天女木兰，这位集本溪市百万人宠爱于一身的本溪市花，在老秃顶子也不再是最靓的那个仔。"北方有佳人，绝世而独立"，从远古走来，留下惊鸿一瞥，便消失在茫茫大山中的双蕊兰，才是"秃顶美人"的最爱。双蕊兰为兰科双蕊兰属植物，世界上唯老秃顶子国家级自然保护区独有物种，是兰科最原始的子遗植物。经过多年的保护，随着生态环境的改善，双蕊兰数量在逐年增多，从刚发现时的 3 处增加到现在的 9 处，生长范围从原来的天然林扩大到了人工林，生长发育期最长的也增加到了 40 天左右，连续 29 年观测累计发现双蕊兰 265 株。

老秃顶子的另一位当家花旦当属国家一级珍稀保护树种红豆杉。红豆杉属乔木植物，是我国东北分布的第三纪子遗的珍贵树种。保护区长期以来强化对红豆杉生长范围的保护力度，采取野生资源就地保护、建东北红豆杉苗圃地进行种源扩繁、建东北红豆杉科普园进行宣传教育和东北红豆杉野原生境回归种群恢复等措施，现野生数量逐渐恢复。

老秃顶子不仅"苗正"，而且"根红"。这里曾因山高林密，地势险要成为东北抗日联军第一军第一师的大后方。1934年杨靖宇将军率领部队开辟了以老秃顶子山、和尚帽子山为中心的抗日游击根据地，与日军展开数次战斗，演绎了一段可歌可泣的传奇故事，为这位绝顶的"绿色美人"添加了一抹鲜红。

秉承先辈的红色基因，践行习近平总书记"绿水青山就是金山银山"的理念，近年来老秃顶子自然保护区扎实开展资源保护、科研、宣教工作，坚持生态优先、绿色发展，以加强森林生态和野生动植物资源的保护为目的，实行分级、网格化管理，建设和完善智慧物联生态感知平台。

通过自然保护地整合优化工作，保护区缓冲区3公顷以上的集体人工商品林及实验区的国合林共计调出1998.3公顷，整合优化方案已经上报国家有关部门。

老秃顶子自然保护区在辖区内设置样线22千米，不同的植被类型设置30米×30米的样地16块，便于掌握本区内野生动植物种群消长、地质地貌、水文、气象等变化，对科学研究和保护区今后建设发展具有重要的意义。

多年的理论学习和生态保护实践，使辽宁老秃顶子国家级自然保护区管理局的各级员工充分认识到，生态文明是人类社会进步的重大成果，是实现人与自然和谐发展的必然要求。他们未来将守住这片生态净土，守住这颗绿色明珠，建设美丽中国，建设美丽本溪，为辽宁打造"现代化大农业发展先行地、高品质文体旅融合发展示范地"添红增绿。

37 来本溪探秘野生物种基因"大仓库"——
老秃顶子国家自然保护区的神奇故事

王一然 本溪市政协人资环委工作科科长

"白云托日，浮空絮红"，如此美景，你可曾向往？不可多得的 3000 余种野生动植物资源基因库，辽宁独有"活化石"物种双蕊兰，你可曾好奇？

让我们走进本溪桓仁老秃顶子国家级自然保护区，一同领略保护区的古老、壮美和神奇。

老秃顶子国家级自然保护区位于辽宁省东部桓仁、新宾两县交界处，总面积 15 217.3 公顷，主峰老秃顶子山海拔 1367.3 米，属长白山龙岗支脉，为辽宁最高峰，素有"辽宁屋脊"之称，1981 年经辽宁省人民政府批准，建立省级自然保护区；1998 年经国务院批准，成为国家级自然保护区。

经中国科学院、沈阳农业大学等多个大学科研机构考察，保护区具有森林生态多样性和生物多样的特点，森林覆盖率 98%，野生动植物种类多达 3112 种，是一个保存完整的森林生态系统，一个难得的野生物种基因库，一处天然的动植物园，一处理想的科研和教学实习基地，是辽东山区重要生态屏障。

典型的植被带谱

海拔 950 米以下为落叶阔叶林带；950 ～ 1050 米为云冷杉和枫桦等组成的混交林带；1050 ～ 1180 米为云冷杉暗针叶林带；1180 ～ 1250 米为岳桦林带；1250 ～ 1290 米为中山灌丛带；1290 米以上为中山草地。这种因海拔高度的变化而引起的植物物种的垂直分布，表现出构成群落的物种上有所差异，在群落的镶嵌现象突出并且过渡地带类型更为多样，这种分布规律在大陆具有典型性、代表性及稀有性。经鉴定植物物种有 237 科 1852 种，根据国家林业和草原局最新发布的公告确定，被列为国家重点保护的野生植物 19 种，体现出老秃顶子自然保护区的植物区系具有古老性、多样性、典型性的特点。

独有"活化石"物种——双蕊兰。双蕊兰为兰科双蕊兰属植物，世界上唯老秃顶子国家级自然保护区独有物种，是兰科最原始的子遗植物。所谓"子遗"，是经过漫长的地质年代，经第四纪冰缘气候和燕山运动的地质变迁，与双蕊兰同时代的植物早已不复存在，而双蕊兰却顽强的活下来，因此被誉为兰科"活化石"，2021 年代表辽宁省参加昆明世界生物多样性大会。独有物种双蕊兰的发现，对研究其特殊生境、生长发育规律、扩大种群数量，有着十分重要的意义。

丰富的野生动物种类

老秃顶子自然保护区动物种类丰富，据辽宁大学、沈阳农业大学等大专院校对保护区区内野生动物资源进行考察，动物种类有 232 科 1260 种。

陆生脊椎动物有 69 科 254 种，其中两栖类 2 目 5 科 8 属 10 种；爬行类 2 目 4 科 9 属 12 种；鸟类 13 目 39 科 97 属 165 种；兽类 6 目 15 科 33 属 50 种；鱼类 5 目 6 科 16 属 17 种。其中有 2 个新种，1 个中国新记录。

蛛形纲 23 科 77 属 131 种，其中有 5 个新种，21 个中国新记录，59 个辽宁新记录。

昆虫类有 13 目 140 科 875 种，其中有 4 个新种，1 个新记录。

根据国家林业和草原局最新发布的公告确定，保护区现有国家重点保护野生动物 42 种。

独特的地质地貌遗迹

老秃顶子自然保护区属长白山系龙岗支脉向西南的延续部分，是由于震旦纪、寒武纪、下中奥陶纪和燕山运动时期有两条断裂带贯穿于我国东北东部，深切割以及第四纪冰缘气候的影响而形成的。在老秃顶子周围十几条陡峭的山峰之间的谷地里，有巨大的石块横堆竖卧连接成片，其中规模较大的有西麓的大东沟，东麓的场子沟和北麓的冰湖沟。从海拔 600 米向上直至海拔 1300 米处，宽 150～300 米，长 2500～3000 米的地段上，几乎全部被"跳石塘"占有。老秃顶子山地大面积奇特的"跳石塘"地貌，为世所罕见，是研究古生物学、地理学、植物学的理想场所，对研究第四纪冰缘气候和燕山运动期间植物消长，有着特殊的科学价值。

壮美的自然人文景观

老秃顶子自然保护区山势陡峻，峰峦叠嶂，气势磅礴，雄伟壮观。据《桓仁县志》记载："老秃顶子山在县城西一百余里，山高数百仞，周围七十余里，山高气肃，雪消甚晚，绝顶无树，故曰秃顶。其平坦处有池不涸不溢，常有鱼跃其中。自山腰以上，惟杂草蒙茸，岩头雾气，

恒终日不散，为山川出云之一验。山下树木丛深，润水激石，鸣金戛玉，从绿荫深处流出，清雅无伦。"老秃顶子为历代兵家必争之地，300 年前曾有努尔哈赤率兵坚守老秃顶子两月有余的明清之战；日寇侵华期间有民族英雄杨靖宇将军指挥抗日军民以老秃顶子山为根据地，与日伪军展开游击战争 4 年之久。红军将士韩浩、李向山等烈士就长眠在老秃顶子山下。

多种多样的自然景观，相映成趣，组合成一个天然的、和谐的野生动植物公园，也是一个野生动植物基因大仓库，老秃顶子国家级自然保护区是镶嵌在辽宁屋脊上的一颗璀璨明珠。

多种多样的自然景观,
相映成趣,组合成一个天然的、
和谐的野生动植物公园,
也是一个野生动植物基因大仓库,
老秃顶子国家级自然保护区是镶嵌在
辽宁屋脊上的一颗璀璨明珠。

38　工业之都的绿色蝶变

叶长全　本溪市政协委员

由于常年被浓浓的烟雾笼罩，本溪市曾被称作"卫星看不见的城市"。作为全国第一个工业污染治理试点城市，在几十年的时间里，本溪市持续开展大规模污染治理行动，最终蝶变为森林覆盖的美丽城市。

本溪的污染为何如此严重？从清光绪年间开始，本溪开采煤炭、冶炼钢铁、制造水泥，到如今已有100多年历史。

中华人民共和国成立初期，本溪作为国家重要的钢铁、煤炭、水泥等原材料生产基地，为共和国作出了重大贡献，新中国的第一支枪、第一批大炮等都有本钢的功劳。

20世纪70年代，本溪有130多家重点厂矿，80%以上集中在不足50平方千米的城市中心区内，600多根大烟囱向天而立，黑色、黄色、灰色的"烟龙"在城市上空盘旋，环境保护与经济发展的矛盾十分突出，如何实现协调发展成为本溪变革的核心问题。

经过40年的艰苦努力，本溪生态文明建设发生了历史性、转折性、全局性的改变——一座座青山连绵起伏，森林覆盖率达76.31%，居全省首位、全国前列；一条条河流蜿蜒曲折，碧水轻流，成为全省最重要的生态屏障和水源涵养区，被称为"辽宁水塔"。

本溪的成就是怎样取得的？

第一招是整治高污染企业。治标更要治本，本溪先后关停拆除14座落后高炉，果断关停有着百年历史的本钢一铁厂，拆除本溪水泥集团两座26米高的增湿塔，大规模搬迁工程依次拉开序幕。

第二招是推进工业转型升级。作为老工业基地，本溪曾以"煤铁之城"的美誉驰名。但是，为了环境保护，本溪开始了艰难的工业转型升级之路，制定了钢铁工业"做精、做细、做大、做强，向精品化、绿色化、智能化转型"的发展战略，确立了工业绿色发展2025年和2035年远景目标，引导企业创建绿色工厂，从源头上预防和控制环境污染。与此同时，本溪还依托得天独厚的林业资源优势，大力发展生物医药产业，本溪高新技术开发区有160多家医药企业，已经成为国家战略性、新兴生物医药产业集群。

第三招是发展壮大文旅产业。本溪是东北抗联根据地、东北抗日义勇军策源地、国歌原创素材地、中国著名的钢铁工业城市，现有东北抗联史实陈列馆、东北抗日义勇军纪念馆、本溪湖工业遗产群等红色教育基地。

本溪市有"世界最长的地下暗河"——本溪水洞，有"最适合呼吸的地方"——关门山、虎谷峡、枫林谷、老边沟、大冰沟等国家森林公园，本溪还有世界文化遗产——五女山山城，东北第一缕炊烟升起的地方——本溪庙后山古人类文化遗址，东北道教发祥地——九顶铁刹山。

本溪因绵绵的群山而美，因潺潺的流水而秀，更因"层林尽染、万山红遍"的枫叶而名扬天下，素有"燕东胜境"之称，拥有"奇洞、名山、秀水、温泉、枫叶、民俗"六大名片。先后获评"中国优秀旅游城市""中国枫叶之都""中国温泉之城"等多项荣誉称号。拥有国家 A 级以上景区 51 家，其中 5A 级 1 家、4A 级 12 家、3A 级 18 家、2A 级 20 家。

40 年来，本溪实现了生态环境质量的极大改善，环境治理取得了突破性进展，全年大气环境优良天数 335 天，优良率超 91.8%，全省排名第 2，从"卫星上看不见的城市"变成了"看不够的城市"。

如今的本溪，正在深入贯彻习近平生态文明思想，牢固树立 "绿水青山就是金山银山" 的发展理念，全面落实中共辽宁省委、省政府 "一圈一带两区" 区域发展战略，积极打造生态环境样板区、绿色产业示范区、生态体制改革试验区、绿色生活先行区，谱写美丽中国本溪新篇章。

本溪山城的蝶变，让我们见证了本溪之变和辽宁之变，也让我们看到了本溪之美和辽宁之美。

39 来鸭绿江口湿地赴一场"人鸟之约"

宋立跃 辽宁省政协委员

每年四五月份，来自丹东东港市的姜信和、车勇夫妇都会来到鸭绿江口湿地保护区，赶赴一场特殊的"约会"。这里是候鸟的天堂，每年的这个时候，数以十万计的候鸟都会从遥远的澳大利亚、新西兰飞来，在这里觅食休整月余，再启程飞往北极圈繁衍下一代。对候鸟而言，这里是漫漫迁徙之路上的"驿站"；而对姜信和夫妇来说，与鸟相约，寄托着他们对这片湿地深深的眷恋。

鸭绿江口湿地保护区位于东港市境内，沿海岸线由东向西呈带状分布，总面积达 81 430 公顷，1997 年 12 月 8 日经国务院批准为国家级自然保护区，是我国候鸟种类和数量最多的迁徙区。保护区内芦苇繁茂，潮滩盐沼、碱蓬盐沼面积广袤、一望无尽，鸭绿江和大洋河等河流源源不断地输送着涓涓清水，广阔的浅海海域生存着数不尽的鱼、虾、蟹、蛤等海洋生物，良好的生态环境使其成为候鸟们的五星级"加油站"。

斑尾塍鹬是鸭绿江口的"湿地明星"。作为目前已知鸟类中连续不间断飞行的冠军，斑尾塍鹬可以在 8 天的时间里连续飞行超过 1.1 万千米。它们和大滨鹬、黑腹滨鹬是保护区内最有代表性的鸻鹬类候鸟，每当落日时分，鸟群在夕阳余晖下自由翱翔、齐飞共舞，"鸟浪"时而飘散、时而聚合，构成了一幅最为和谐壮美的生态画卷。

姜信和、车勇夫妇喜欢用相机定格这壮美的瞬间。姜信和原本是一名森林公安，出于热爱，他长年跋涉于鸭绿江口湿地，乐此不疲地追逐鸟类的身影，观察、记录、拍照，还"半路出家"，成为"视觉中国"的签约摄影师。他的妻子车勇是他的"铁粉"，和他一起观鸟，一起守护着湿地鸟群。2017 年 5 月，夫妇二人从盗猎者手中救下数百只鸟蛋，经主管部门允许后，历经 151 天进行人工孵化并放飞自然。两年后，记录夫妇二人营救海鸟心路的摄影图集《与鸟相守的151 天》获得中国三门峡自然生态国际摄影大展铜奖，并被三门峡市永久收藏。姜信和说："每当顺着鸟叫声仰望天际，我们会把天空中飞来的每一只候鸟，都当作是自己孵化出来的'鸟孩子'。"

来自复旦大学的生态学博士张守栋同样也对鸭绿江口的这片湿地情有独钟。每年四五月份他都会和他的科研团队来到这里，至今已是第七个年头。张博士的团队用设备在湿地分析滩涂上的底栖生物，据他介绍，"这里目前已知的有 103 种底栖生物，还有 68 种浮游动物，为来到这儿的迁徙候鸟提供了丰富的食物饵料，这也是候鸟能在鸭绿江口湿地停歇的重要原因"。

张博士的团队还会为候鸟做标记、安装追踪器，这种太阳能卫星追踪器形状就像背包一样，"穿"在候鸟身上，再将它放飞，就能动态了解它的行踪，绘出它迁徙的"世界地图"。而在这张地图上，鸭绿江口湿地保护区牢牢"钉"在澳大利亚——西伯利亚这条候鸟迁徙的东亚线路之上。

除了鸻鹬类候鸟，在鸭绿江口湿地保护区你还能看到 300 余种其他鸟类，其中包括白尾海雕、黑脸琵鹭等 18 种国家一级重点保护鸟类，以及大天鹅、鸿雁等 58 种国家二级重点保护鸟类。这些鸟类在这片保护区内繁衍，与 70 余种鱼类和两栖类、哺乳类动物和合共生，组成了一条完美的生存链条，也让保护区成了一座永久性的生物基因库，使许多珍稀、濒危动植物资源得以长期保存，为人类生态学、遗传学的科学研究和野生动植物资源的保护提供了最佳场所。

2024 年 2 月 2 日是第 28 个世界湿地日，主题是"湿地与人类福祉"，口号是"人与湿地，生命交织"。古往今来，人类逐水而居，文明伴水而生，人类生产生活同湿地有着密切联系。2022 年，习近平总书记在《湿地公约》第十四届缔约方大会开幕式上的致辞中提出："建设人与自然和谐共生的现代化，推进湿地保护事业高质量发展。"人与自然和谐共生，这正是习近平生态文明思想的重要内涵，同时也是鸭绿江口湿地保护区建设的未来美好愿景。

不久之后，候鸟们又要飞来鸭绿江口湿地休养生息，姜信和夫妇的"一年之约"将如期而至，张守栋博士也将开始新的研究。"同在天地间，人鸟共和谐"，这是所有深爱着这片湿地的人们的美丽愿望。

冬去春来，
聆听着海风的声音，
鸭绿江口湿地正在慢慢苏醒，
与鸟儿一起，
期待着与您相约。

40　鸭绿江湿地，律动华美鸟浪

朱　虹　辽宁省政协委员

丹东，是我钟爱的一座边陲小城，每每流连忘返。她美丽，凤凰山层峦叠嶂，天桥沟红叶烂漫醉人，大鹿岛水清沙幼；她富饶，山珍海味应有尽有，马家岗红颜草莓叫响全国，独领风骚；她底蕴深厚，历史文化、少数民族文化、红色文化遗迹众多，特色鲜明；她神秘壮观，鸭绿江大桥横跨水面，与朝鲜隔江相望……她是养在深闺的宝藏女孩，含蓄端庄，大气秀美。

还有一处为人所不知的特色景观，丰富了丹东这座城怒放的生命张力，那是起伏的命运交响乐，与每一个敬畏生命、热爱生活的高贵灵魂共鸣。

鸭绿江口湿地被誉为"世界候鸟天堂"，是全球三大候鸟迁徙地之一。每年春天，位于东港市海角路黄海岸边的滩涂上，有来自澳洲的迁徙鸻鹬类水鸟，随着潮汐而动。涨潮时，海水拍打海岸，水鸟一飞冲天，成片成片，遮天蔽日，似飘舞的绸带，又像流动的沙丘，一会儿是腾飞的巨龙，一会儿是翻滚的海浪，仿佛天空中排列着五线谱，鸟儿们起起落落，变幻成跳动的音符，奏响华美的乐章。

鸟类迁徙是为了生存和延续物种，也是地球生态环境的一大风景。它们一路从澳洲飞来，即使面对暴风骤雨，生态环境恶劣，食物短缺，也绝不放弃，有的从出发时候的 2 千克飞到这里仅剩 1 千克。"万里长空结队行，暴雨狂风心不惊"。鸟浪起，每次要飞舞 10 多分钟，然后落下；等下一次风浪再起，继续飞，再落下。就这样起起落落，反复不止，直到远离你的视线，飞向远方。持续飞行，是对生的渴望，是对物种延续使命的担当，这壮美的景观是大自然的馈赠，唤起我们对生命的尊重和敬畏。

每年四五月份，前来观摩鸟浪的人很多，其中不乏北京、天津等外地观鸟和摄影爱好者。他们观赏鸟儿起舞，对着精灵朝拜，目光虔诚，神态庄重，看鸟儿做短暂的休整停留，继续南迁。东港鸟浪，早已成为他们生命中的仪式，对心灵的一次救赎。

生命是什么？这里也许有你的答案。每一次春去秋来，都是一次人生的旅行。未曾抵达的彼岸都充满希望，而那些去过一次还想去的地方，不单为了看风景，更是看内心的希冀。鸟浪，目之所及满是生命的张力，是永不停息的飞翔。"清风明月桃源拟，一幅丹青水墨匀"，在海天一色之间，无数飞鸟组成的画卷，似在我心底炸裂的烟花，每一簇花火都点亮我内心的光，引领我向上、向善、向美。

我有幸生逢伟大时代，创业无惧艰辛，经商坚守诚信。随着我创立的企业不断壮大，在收获经济效益的同时，总不忘践行社会责任，参与公益事业。我曾任辽宁省酒类行业协会会长，任职期间多次组织会员到丹东重走抗联路，接受红色文化洗礼；到鸭绿江口滨海湿地等自然保护区，感受生态环境变化增添的民生福祉；到东港观摩鸟浪，感受大自然的伟力，做生态文明理念的践行者。通过形式多样的活动，引领协会会员弘扬主旋律、传播正能量。我带领协会会员，号召会员企业参与捐资助学活动。每当看到那些家境困难、品行高尚、成绩优异的孩子，还在顽强地与命运抗争，要做更好的自己，我的脑海中，就会不自觉地浮现出那层层叠叠的鸟浪。他们就像迁徙的鸟儿，面对艰难险阻，永不放弃飞翔，那才是生命的强者。

候鸟的栖息和迁徙，是一次直击心灵的生态文明教育，为了长久地看到这一壮观景象，保护自然环境的重要性呼之欲出，我们倡导生态文明，就是希望让全社会关注到这一领域，采取务实举措，保护这片土地，实现人与自然的和谐共生。你爱她，她才更爱你。

愿东港鸟浪，年年岁岁，逢春奏响华美的生命乐章。

41 爱家乡水 护母亲河

许 聪 丹东市政协委员

春回大地，万物复苏，漫步鸭绿江边，水鸟翔集、江鱼欢游，丹东得天独厚的水资源让许多外地游客羡慕不已。为保护好水环境，丹东市紧紧围绕"节水优先、空间均衡、系统治理、两手发力"的治水思路，坚持"四水四定"和"精打细算用好水资源、从严从细管好水资源"，统筹兼顾水资源节约保护和经济社会发展两个方面，扎实推进水资源集约节约安全利用，促进水源、水生态和水环境持续改善，为全市经济社会平稳发展提供有力的水安全保障。

如何展示好水知识、水文化、水资源，让百姓懂水、爱水、珍惜水，丹东水情教育展览馆应运而生。

位于丹东临港产业园区仪器仪表产业基地的丹东水情教育展览馆，展教面积近 1000 平方米，是一座以展示水资源人文、历史、科技为主题的多功能现代化展览馆，是丹东地区水利工作和水科普教育事业的重要标志，是展示水知识、文化、资源、科教等相结合的重要窗口，是青少年学习、市民求知、外来人等游学和参观的重要场所。展览馆建成后，先后荣获丹东市科普教育基地（2018—2022）、辽宁省科普教育基地、国家水情教育基地等称号。

丹东市水情教育展览馆是东北地区首家以水情教育为主题的科学展览馆，主要突出科普性、知识性、教育性和趣味性，展示水知识科普、丹东水利发展历史、节水重要性以及鸭绿江历史文化等内容，整个展览馆分为水的奥秘、丹东水利、珍爱水资源、构建美好未来四个主题展厅。步入展览馆大厅，正面墙上习总书记提出的"绿水青山就是金山银山"几个大字格外醒目，这一重要理念也贯彻于整个水情馆功能定位之中。序厅，设有一面高科技水幕墙，在控制台上输入任意文字，水幕墙就会自动垂落下输入内容，让观众第一时间感受水的魅力。第一展区，通过水的虹吸现象、水的减震作用等大量互动实验，以及科普知识讲解，让参观者特别是青少年，对水的特性有更深入、更全面地了解，实现寓教于乐。第二展厅，通过全市水系沙盘、水利大事记、珍贵历史照片等展示，展现了丹东水利事业的蓬勃发展。第三展厅，是本馆的核心展厅，主要介绍节水型社会建设、水生态文明城市、地下水保护等方面知识。习近平总书记提出的新时期水利工作方针，从观念、意识、措施等各方面把节水放在优先位置，展厅通过家庭用水模拟演示、全球水资源分布模型、全市年用水量与来水量对比水柱等展示，让观众在潜移默化中节水爱水惜水，凝聚全民参与节水型社会建设合力。展厅通过实物、宣传影片、灯箱图片等展示，向参观者全面介绍了丹东市水生态文明城市建设过程及主要成果，进一步提升社会水生态文明认知度，构建水生态文明教育长效机制，实现人水和谐。展厅新增的地下水保护墙，以手绘画，用这种新颖的形式向广大参观者介绍了地下水保护的重要性、地下水超采与地下水污染的危害、地下水保护需要开展的工作等内容，引导公众积极参与到地下水保护中来。第四展厅，以气势磅礴的鸭绿江水墨长卷、笔精墨妙的《鸭绿江赋》，再现了丹东母亲河——鸭绿江之美，力求给观众留下深刻难忘的美好回忆。

2024 年 3 月 22 日是第三十二届"世界水日"，3 月 22 日至 28 日是第三十七届"中国水周"。为纪念"世界水日""中国水周"，3 月 22 日，由丹东市水务局主办，丹东市水务服务中心、辽东学院协办的"2024 世界水日——以水促和平"暨丹东市节水宣传活动启动仪式在辽宁（丹东）仪器仪表产业基地一楼举行，来自辽东学院的 100 余名师生参加了此次活动。丹东市水务服务中心与辽东学院举行了节水实践基地签约仪式，将丹东水情教育展览馆作为辽东学院大学生的节水护水社会实践基地。此举旨在按照教育与社会实践相结合的方针，提高学生实践能力，切实引导公众加深对我国水情的认知，促进形成全民知水、节水、护水、亲水的良好社会风尚。

自开馆以来，丹东市水情教育展览馆相继举办"节水惜水护水爱水""保护家乡母亲河"等多场次主题水情教育，接待市科协、市妇联、市发改委、辽宁机电职业技术学院、市金汤小学、市红房小学、新区实验小学分校等大批社会各界参观者 2 万余人，水情传播效果显著，为我市惜水、爱水、节水宣传工作做出了巨大的贡献。

42 与鸟相守的 151 天

姜信和　东港市政协委员

我是姜信和，是中国摄影家协会的一员，是一名公务员，也是东港市第五届和第七届政协委员。我经常用镜头捕捉鸟类的自然状态。每年 3 月底至 5 月，在东港鸭绿江口的湿地，有很多迁徙鸟类在此暂留。我经常步入湿地，隐藏在蓬草丛中，静静地守候，抓拍候鸟最美的瞬间。苇莺是天生的建筑家，它们的巢穴看似不牢固，却总能在风中摇摆但安然无恙；鸻鹬以群居形式生活，飞翔在天空时是一幅壮美的图案；白额雁擅长在地上行走和奔跑，速度甚快，叫声也甚高。

2017 年，母亲节过后的第二天，我和妻子车勇正在湿地里拍鸟，意外发现有人偷猎海鸟蛋，我们立即报警。在警方当场截获 264 颗海鸟蛋时，我内心无比愤怒和震撼，带着对生命的敬畏和保护野生生物的使命，在征得相关部门的同意后，我决定将这些海鸟蛋带回家，进行孵化。然而，海鸟蛋的孵化并非易事，查找资料、咨询专家，却依然找不到确切的方法。最后，我只能尝试着用村民孵化家禽的方法孵化这些海鸟蛋。日复一日，我和妻子轮流照料这些海鸟蛋。为了让鸟蛋受热均匀，我们俩按时给鸟蛋翻身，每天夜里要起来几次。细心的妻子还在本子上记录下每天孵蛋的过程和变化。我们一天天地坚持，用耐心期盼着奇迹的降临。

经过无数个不眠之夜，当那一个小生命破壳而出，发出微弱的鸣叫时，我一下子兴奋起来。那只黑翅长脚鹬，用它那纯真的眼神凝视着我，仿佛在告诉我，这世界好奇怪。我和妻子眼中泛起泪花，我深深感到一种难以言喻的喜悦和骄傲。慢慢地，小褥子上孵化出来的小鸟越来越多，我的家成了一片喧闹的乐土。黑翅长脚鹬宝宝们异常聪明，它们即便蹒跚学步，也愿意和我们互动，我们拍手，它们会跑来围绕；我们再拍手，它们又会欢快地跑开。

"孩子"们的成长，让我们的生活变得忙碌而充满乐趣。每天下班，妻子匆匆忙忙地返家，心里惦记着那些小生命："我家里还有好多鸟宝宝等着喂食呢！"同事们调侃她："你这个鸟妈妈，难道不应该申请个产假？"其实，儿子工作后我们已经不再操心，但现在，我们又成了忙碌的"鸟爸鸟妈"。成为"鸟爸鸟妈"可不轻松。为了让这些小家伙茁壮成长，我和妻子买回了小鱼和小虾，还准备了鸡蛋黄和维生素，但这些孩子却不会自己进食。我们尝试用棉签和牙签将食物一点一点送到它们口中，但那细长柔软的喙却不配合。我甚至尝试了用嘴唇衔着食物，模仿燕子一样喂食，但这样的方法依然不佳。我们共孵化了 63 只小鸟，但看着它们因无法自主进食而一只一只地离去，那份无力感几乎淹没了我们原本的喜悦。终于，我决心回到湿地，通过镜头仔细观察其他黑翅长脚鹬是如何照顾孩子的。我发现它们并不喂食幼鸟，而是让幼鸟在湿地自主获取食物。就在这时，我得到了森林公安的一则消息：再次从犯罪分子处截获 300 枚海鸟蛋，

他们希望我能继续孵化这些鸟蛋。于是，我和妻子决定将存活的 21 只长脚鹬宝宝提前放回湿地，让它们在大自然的怀抱中学会独立。而我和妻子，也接下了新的使命，去守护更多的生命。随着鸟蛋陆续孵化，我家竟有超过 60 只小鸟同日诞生。我深知家中的环境终究不及自然湿地，必须得让这些小宝贝们回归自然才能活下来。因此，我和妻子决定送它们到湿地进行野化训练。

我们回到最初发现鸟蛋的地方，那个芦苇丛生的地带，找了一块空地搭起帐篷，作为野化训练基地。每天清晨 4 点，我们就把小鸟们装进保温箱，带到基地进行训练。8 点左右，又把它们收回，回家再去上班。下班后，重复着早晨的工作，一直到天黑。不论风吹雨打，我们坚持每天早晚两次的训练。

湿地里有豹猫、黄鼬等捕食者，为了保护小鸟们，我们准备了靴子、涉水裤和长杆抄网。小鸟们一到湿地便扑腾着翅膀，摇摇晃晃地奔向水边。它们的羽毛是天然的保护色，在水草中几乎难以被发现。因此，我时刻提着抄网，以防它们游离队伍。尽管如此，总有一些调皮的小家伙游进水草茂密的区域，直到收鸟时才能找到它们。有时，大型水鸟会攻击这些柔弱的小家伙，我在岸边急忙用抄网赶走那些大鸟，而空中的大鸟与我之间的"骂战"，也成了自然界中另一种的和谐。当疲惫来袭时，我会靠在防潮垫上休息片刻，那些小家伙便会蹲在我的身旁、依偎在我脸颊边。随着时间的推移，有些小鸟甚至开始尝试低空飞行。但只要我伸出手臂，它们又会稳稳地落回到我的肩上。在这段日子里，我和妻子与水鸟们静静相伴。我暂时放下摄影，纯粹为了照顾小鸟们，有时候只用手机拍摄一些照片留作纪念。看着小鸟们渐渐长大，一只一只飞远，我们既感到欣慰，又有些不舍。

记得，最后留在我们身边的是一只先天有缺陷的小燕鸥。它看着自己的伙伴们一个个飞走，显得有些孤单。有时候，我静坐在地上，它就会走过来低吟，仿佛在诉说心事，而我也会用相同的声音回应，这是我作为鸟爸对即将离去的孩子的最后叮嘱。那一年，在第 18 届辽宁省摄影艺术展上，我的摄影作品《与鸟相守的 151 天》获得了纪实类金奖。这些图片简朴无华，却表达了我们对生命的深深敬畏。

现在，虽然训练基地帐篷不在，但那些美好的记忆仍旧烙印在心中。鸟儿们总是最先认出我们，仿佛急切地想要表达对父母的思念。而我们，心中满是回忆，每一次回到湿地，仿佛在看望儿女，心中充满了期待和祈愿：愿人与鸟类，在这片天地间和谐共存。

陈 德 辽宁省政协委员

凤城市蓝旗镇地处辽东半岛东部丘陵平原地带，地势平坦，属于温带大陆性季风气候，自然概况"五山一水三分田，一分道路为庄园"。主要河流有大洋河、土牛河，在蓝旗境内总长度为 28.5 千米。大洋河在该镇境内流长 12.5 千米，为凤城、东港二市天然界河。

天鹅归栖，人与自然和谐共生

春日渐暖，蓝旗镇的大洋河水域迎来了一批特殊的"客人"——美丽的天鹅远道而来，在此停歇觅食。它们是蓝旗镇的老朋友了，每年春暖花开时节便会飞抵大洋河畔，绘就"人鸟共家园"的绝美生态画卷。

每年天鹅都会在 2 月 15 日前后到来，并于 3 月末陆续离开。2024 年，天鹅归来时间比往年提前。立春当天，向北迁徙的首批十余只天鹅飞抵大洋河畔补充食物和体能。到 3 月上旬，数量最多时汇集了 4300 余只。目前，迁徙到大洋河的鸟类已达 20 余种，总数达到 5 万余只。越来越多的鸟类将陆续迁徙而至，大洋河已然成了鸟儿迁徙的天堂。

李波居住在大洋河畔 8 年多，是当地鱼类养殖经营者。李波回忆，2018 年 2 月 18 日当天，冰面上来了几只天鹅。当时正在下雪，他怕天鹅没食物吃，便买来玉米和水稻撒在岸边的冰面上。让他惊喜的是，第二年天鹅又来了，还带来了更多的同伴。天鹅越来越多，李波在粮食上的投入也从第一年的几百元增长为现在的几万元。即便花销越来越大，投入越来越高，李波心里也从未有过一丝抱怨。

数千只白天鹅在河面上聚集，宛如水上翩跹舞者。它们的羽毛在阳光下熠熠生辉，仿佛是大自然赐予我们的珍贵礼物。天鹅对栖息环境要求极为苛刻，它们在大洋河畔的每一次振翅、每一声鸣叫，都是对蓝旗镇生态环境改善和水质清澈的赞美。

政府主导，带动旅游网红地

近年来，蓝旗镇政府始终将环保工作作为重点工作内容，通过政府主导、党员带头、群众参与等方式，有效实施环境治理和生态修复。为此，镇党委政府专门成立了由党员干部组成的"绿色先锋队"，他们在环保一线发挥模范带头作用，引导村民树牢环保意识，倡导绿色生活方式。在大家的共同努力下，越来越多的村民加入环保行动中来，共同守护着我们美好的家园。为了保障天鹅安全，政府专门派出林业站工作人员在鸟类停留区域外站岗，守护鸟儿们不受侵扰。

天鹅的到来，不仅给村民们带来了欢乐，也带动了蓝旗镇的旅游业发展。越来越多的游客慕名而来，欣赏天鹅的美丽姿态，体验乡村的宁静和谐。蓝旗镇借势发力，开发了一系列旅游产品，如天鹅观赏、冬捕渔猎、生态农家乐等，既丰富了游客体验，又增加了百姓收入，也成为当地小有名气的网红打卡地。

创建品牌，掀起生态旅游新内涵

"山水凤城，养生福地"。凤城市文旅局为深度整合本地优势资源，充分挖掘文旅市场潜力，着力打造"春游凤城"文旅品牌的创新实践，以春游凤城新IP——天鹅为切入点，开展了抖音直播，吸引了线上6000多人次观看。同时，直播现场也引来许多游客驻足观赏。游客们近距离欣赏珍稀鸟类，有的人拿起相机记录下这美好的瞬间，有的人则静静地站在河边，生怕打破这份宁静与和谐，构成了一幅人与自然和谐相处的温馨画面。直播活动以"大洋河畔，寻影天鹅"为主题，以凤城的生态环境为背景，用影像传播自然生态的魅力，用行动为野生动物保护贡献力量，从而推动凤城生态旅游发展，再次掀起凤城生态旅游新热潮。

天鹅的到来是蓝旗镇生态环保工作取得成效的一个缩影。它告诉我们，只要我们坚持不懈地努力，就能创造出人与自然和谐共生的美好家园。在未来的日子里，蓝旗镇将继续秉承绿色发展理念，加强生态文明建设，让天鹅每年都会如期而至，成为凤城的一张亮丽名片，在绿色发展的道路上，绘就更加绚丽的篇章。

44　与天鹅共处，爱护美好家园

赵　光　辽宁省政协委员

3月中旬乍暖还寒，在辽宁东部山区，大洋河流经丹东凤城市蓝旗镇红土地村梅家堡子，形成一片宽阔的湿地。这几年，北归迁徙的天鹅就在初春时节来这儿汇集歇脚。天鹅"到此一游"引起了观鸟人兴致，随着自媒体快速传播，周边游人争相去实地观赏，一睹天鹅风采。

大洋河在梅家堡子的西南方向流过，人们在河流靠近堡子的一岸，搭建起了观鸟长廊，将游人与大洋河的自然生态做了物理隔绝，既方便了游人尽情观赏，又为候鸟们提供了自然安全的觅食和栖息地。

人们或站在远处的高坡上观望，或走上观鸟长廊近距离观赏。大洋河畔约 800 米范围，成百上千只美丽的大天鹅成群结伴地聚集，有的嬉戏追逐，有的静水浮波，有的岸边梳羽，有的引颈高歌。天鹅们来来往往、熙熙攘攘，犹如举行隆重的节日盛会，还引来了灰鹤、黑嘴鸥、斑嘴鸭穿梭其中，场面极为壮观。忽而见水中三五只天鹅，奋力蹬足，拍打着宽大的翅膀，一飞冲天；忽而见空中两只天鹅，俯冲而下，瞬间又转为凌波微步，双双飘然滑行；转眼间，又看到高空有天鹅群排成长长的一字阵仗，刹那间又变换成人字队形，高声鸣叫着，向北方急速飞去。此时，河水中、河岸上、半空以及高空中，天鹅们动静相宜、千姿百态，生机勃勃，组成了一幅幅绝美的立体画卷，堪称人间珍奇景象。正如《洛神赋》所描写："翩若惊鸿，宛若游龙。仿佛若轻云之蔽月，飘摇兮若流风之回雪。"

在此之前，对天鹅的印象，更多来源于文学作品和艺术作品中的经典创作。看过柴可夫斯基的舞剧《天鹅湖》，其中《四小天鹅》舞，小天鹅们整齐划一、干净利落的舞姿，以纯洁活泼的形象深入人心；读过安徒生的童话《丑小鸭》，那只混杂在鸡鸭群中的小天鹅，即便遭受嘲笑，依然能坚持自我、追求理想的励志故事，鼓舞着人们在艰难困苦面前，顽强不屈、勇往直前。如此近身观赏天鹅，不仅被她美丽外表和高雅姿态吸引，更为她不畏艰难、志存高远的精神气质折服。

日头西斜，冷风习习，但前来观鸟的人们却络绎不绝，热情不减。人群中，老人们穿着棉衣，戴着棉帽，眯缝着眼睛望向水中的天鹅，口中叨念着；孩子们戴着毛线帽，仰起头，踮起小脚，亮亮的眼睛一直追随着空中远去的天鹅队伍，脸蛋儿冻得红红的。这"人鸟共处，守候美好家园"的良好生态景观，反映出的是当地政府和居民对这片水域生态环境保护付出的努力。

据当地志愿者介绍，白天鹅被列为国家二级保护动物，属于全球易危物种。天鹅对生活环境和水质极为敏感和挑剔，其栖息地就相当于鸟类的生态宜居地。近年来，凤城市政府对生态环境保护高度重视，积极整治，两岸村民对野生动物保护意识越来越强，大洋河水域生态环境也越来越好。水生植物充沛的大洋河成了大天鹅等候鸟北归迁徙途中的"歇脚"驿站，每年春季来大洋河落脚觅食、补充能量的大天鹅越来越多。从 2018 年开始，由最初的几只、几十只，发展到如今的上千只，大洋河已然成了白天鹅等候鸟迁徙的天堂。

青山绿水，大自然和谐共生。尊重自然规律，保护自然环境，就是保护我们生生不息的家园。

45 打造靓丽生态名片——走进大美辽宁白石砬子国家级自然保护区

鲁广杰 丹东市政协委员

春季，云雾缭绕，山花烂漫，杜鹃映红；夏季，古树参天，郁郁葱葱，凉风习习；秋季，果实累累，红叶争辉，五彩缤纷；冬季，林寒涧啸，白雪皑皑，分外妖娆。这就是白石砬子风景区四季景色的真实写照。

白石砬子国家级自然保护区，位于辽宁东部山区宽甸满族自治县北部，其山"两峰奇秀，怪石嵯峨，皆为悬崖绝壁，石壁映日，遥望如积雪，遂以白石名之"，"白石砬子"因此而得名。

白石砬子保护区前身是 1958 年建立的宽甸县白石砬子国有林场，1981 年经辽宁省人民政府批准建立省级自然保护区，1988 年经国务院批准晋升为国家级自然保护区。保护区地处长白、华北植物区系的过渡地带，保护着长白、华北植物区系过渡地带原生型红松阔叶混交林的自然景观，属于森林生态系统类型的自然保护区。保护区总面积为 6614.0 公顷，其中核心区面积为 2249.2 公顷。

保护区植物种类繁多，现已查明植物 266 科 867 属 2146 种。列为国家第一批重点保护野生植物有 6 种，其中，国家 I 级保护野生植物有东北红豆杉，国家 II 级保护野生植物有红松、水曲柳、钻天柳、紫椴、黄檗，另外还有人参、刺五加等 18 种野生植物列入待公布的第二批国家重点保护植物名录。保护区还是南股河、北股河、蒲石河和牛毛生河四条河流的发源地，每年都有数亿吨水从这里流出，对丹东北部地区水源具有重要的涵养调控作用。

白石砬子国家级自然保护区森林茂密，水草丰富，植物种类繁多，这为野生动物创造了良好的栖息环境。区内现有脊椎动物 357 种，其中，列为国家重点保护动物 40 种，列入中日保护区候鸟协定 127 种。国家 I 级保护动物为紫貂、原麝，国家 II 级保护动物有水獭、黑熊等。

白石砬子国家级自然保护区森林植被的原生性、生态类型和物种多样性分布的地带性都具有非常重要的保护价值，在中国乃至全球都具有重要的生态地位和科学价值，为我们探索生物学奥秘提供了重要的科研基地。

"生态兴则文明兴，生态衰则文明衰"。生态文明建设是关系中华民族永续发展的根本大计。

近年来，白石砬子国家级自然保护区积极争取国家和省、市各级财政资金 3600 余万元，加大对保护区内森林防火巡护道路、保护管理站、蓄水塘坝等基础设施建设；对黑沟、龙头、响水沟等管护站点进行重新布局和修建；新建科研宣教中心和专业森林消防队营房。为了保护好得天独厚的生态资源，保护区通过管理站点标准化建设和人员规范化管理，加大对周边群众法律法规宣传，全力打造保护区生物多样性生态管理的安全"壁垒"。不断加大保护区的科研宣教工作力度；利用新媒体与平面媒体结合，广泛宣传生态文明建设；通过红外相机采集图片资料，不断完善科普资料，进一步提高了社会各界对自然保护区管理工作的认同和支持。

46 驴友和摄友说：这里是中国北方最美云海

孙景波　丹东市政协委员

大牛沟云海位于辽宁省丹东宽甸满族自治县步达远镇大牛村，步达远是满语"驿站"的意思，大牛沟村因其山上有一块颇似昂首趴卧的耕牛的巨石而得名。鸭绿江最大的支流浑江在大牛沟这里转了一个接近 360 度的 U 形大湾，内湾的河滩上，冲积形成一片酷似半月形状的土地，村民们便赋予它神仙般的名字——"月亮湾"。

月亮湾是一个四面环山、三面环水的特殊山水区域，湾里的浑江水汽蒸腾因四周大山阻隔无法散去，升腾聚集，从而形成了壮观的云海。当地村民介绍，大牛沟云海是四季云海，每年可以出现 150 天到 200 天左右，主要集中在春季和秋季，其中以秋季的枫叶云海最美。

大牛沟云海最佳观景地是大顶子山，海拔 780 多米。登高远眺，积云起伏升坠、回旋舒展、翻卷跳跃、浩荡奔流，如临于大海之滨，浪起潮涌，惊涛拍岸。云海大观千变万化，峰峦叠嶂时隐时现。待到云海日出，如老舍先生所言："东方既明，宇宙正在微笑，玫瑰的光吻红了东边的云。"如诗如画的意境，让人们感受到大自然的雄伟壮观，神秘莫测。

云海一直都在，关键是要有发现美的眼睛。大牛沟云海目前是原生态景观，处于未开发状态。登大顶子山观云海，在不同的高度有 10 个观赏点，登山行程 1 小时至 1.5 小时，没有险峻路况。近年来，一批又一批摄影爱好者、户外运动爱好者等纷纷来到大牛沟，开启"攀登大顶子山观云海日出"之旅，他们将大牛沟云海通过微信、微博、直播、朋友圈等平台广泛宣传，大牛沟云海被他们誉为"中国北方最美云海"，声名远播。 伴随大牛沟云海线上线下热度持续攀升，不断有商家对大牛沟进行实地考察，洽谈旅游开发合作。 大牛沟旅游除观云海看日出之外，还有月亮湾花海、浑江垂钓、大牛沟雾凇、山间草甸露营、桑葚甜瓜特色农产品采摘等景观或活动可参与。目前，村里有民宿 18 家，日接待能力 800 人。当地政府和旅游主管部门已经制定了大牛沟旅游总体规划，包装了大牛沟旅游项目，科学精准开展旅游招商活动。大牛沟旅游综合开发和旅游品质全面提升指日可待。

"山海有情，天辽地宁"。云海也是海。大牛沟云海，作为辽宁旅游山海情的一分子，相信未来一定会绽放出越来越绚丽的光彩。

47　邂逅绿江

郭　霞　丹东市政协委员

其实，这是我第一次来绿江，却有一见如故的惊诧，如同宝黛初见。这个隐于城市一隅的小村落如诗如画，与我的"梦里水乡"几乎一模一样，仿佛此次只不过是重归故里而已。这里有广袤无垠的草原，有青碧如玉的水面，有成群结队的牛羊，有令人叹为观止的云海……如果说，人的一生可能会游历很多地方，那么这里绝对是不容错过的一处。

神秘的绿江，你到底要带给我们多少惊喜和震撼？要留给我们多少回味和感动？

绿江位于宽甸满族自治县东部山区，东与吉林省集安市接壤，南与朝鲜民主主义人民共和国隔江相望。虽然离市区较远，但这并不影响它声名远播。对于慕名而来的我们来说，绿江的确没让我们失望。我们沿着村路缓缓行驶，绿江错落有致的村舍，伟岸雄峻的山峦，清冽静美的江水，映着湛蓝无云的天空，一路花草芬芳盈路，人在其中，顿觉身入仙境，想来世外桃源也不过如此吧！

绿江的美，美在天然。这里原生态的自然风光，仍保留着原始风貌和风味。绿江四季分明，村前大江横亘，村后山高谷深，白日听山歌互答，夜里看渔火点点，"北方的香格里拉"也由此得名，更被诸多游客和摄影者誉为"辽东第一村"。

绿江的山水相依，相得益彰，浑然天成。绿江的水，碧绿清澈，既有浑江的厚朴，又有丽江的灵动。泛舟江上，畅游一江碧水，胜览两国风光；傍晚时分，夕阳西下，渔民在江上捕捞鱼虾，游人在岸边欣赏"渔舟唱晚"的美景，好不惬意。绿江最高峰叫神仙顶，海拔588米，是游客的"打卡地"。登上峰顶远眺，如同漫步云端，山峦在云雾间若隐若现，开阔的视野里，起伏的云海层层叠叠地涌过来，匍匐在脚下，仿佛只要一抬脚，就同孙行者一般腾云驾雾了。当云海渐渐散去，空气清朗，绿江的轮廓也随之一点点显现出来，景物由远及近，尽收眼底。

油菜花田是绿江最耀眼的"名片"，每年到了六月，来自全国各地的游客纷至沓来，置身于金黄璀璨的花海，体验"待到山花烂漫时，她在丛中笑"的浪漫。据了解，这里是东北地区最大的油菜花观赏地，六月中旬，在绿江村沿鸭绿江的水没地上，油菜花海在青山绿水的映衬下显出梦一样的意境：在春风暖意中层层涌动的黄色花浪，嬉戏于绿水之间的白鹭，在草地上成群觅食的牛羊，水天一色的江岸，悠然驶过的渔船……此时此刻，你会发现用语言记录的绿江之美，远远不及眼见耳闻来得淋漓痛快，那是身心的融入，而非外在感官。

绿江最奇妙的景致要数水没地现象了。每逢初春，江水消退、泥土松软时，勤劳的村民开始了春种，他们耕犁的长长的地垄，排列在广阔的水没地上，阡陌交错，井然有序。他们种植了小麦、油菜、土豆等早熟作物，而这些作物的收获是随着降雨量的多少而不断变化的。丰水季节，水位上涨，这些庄稼依地势高低，部分淹没入水，成为江中的一个个绿岛。最奇妙的是，随着水位的变化，绿岛的形状也在不断变化，有时像月牙，有时像圆盘，有时像一颗颗绿宝石，镶嵌在清澈的鸭绿江上。

由于滩涂土质肥沃，无须施化肥及农药，所以游客们除了可以欣赏到绿江绮丽而独特的风光以外，还能品尝到纯天然的绿色食品——各种鱼虾、当地野生笨鸡、笨鸡蛋、山野菜，蘑菇。到了秋天收获的季节，还有松茸磨、板栗、寒富士苹果，应有尽有，令人口齿生香，欲罢不能，每年都吸引诸多的外地游客来此游历，赏美景、品美食，令人心境舒阔，流连忘返。

近年来，绿江显示出巨大的生态农业发展潜力，越来越多的企业把关注的目光投向这里，投资建设这个美丽的村庄，如林下参和中药材种植、山野菜种植、林蛙养殖、生态农业旅游开发等。相信在不久的将来，这里将被建设成为一个美丽、富裕、创新、发展的新型乡村，绿江也将成为丹东最美的"城市名片"，助力家乡建设的步伐。

绿江，期待你遇见更好的自己！

48　画

王　瑾　锦州市古塔区政协委员

我要画一幅丰收的画，画一笔大、小凌河交汇处的红色碱蓬草，黑喙俏鸥翔于万亩参滩间；画一笔一路生花的乡间路，勤劳的"大有人"用汗水收获一望无际的稻浪翻；还要画百果飘香的山林间，调皮的大虾和懒懒的海参在水里比谁游得远；最后画广场上的秧歌舞、健身操，那整齐敞亮的住家院子在蓝天碧瓦间。我啊，就画这一幅"海晏河清、时和岁丰"的稻花香里说丰年。

落下画的第一笔，是我在一个初秋刚踏进锦州凌海生态大有农场地界时的惊叹。沿着滨海路被碱蓬草染红的海滩，望着远处的芦苇荡，伴着忽远忽近的鹭鸟鸣啼，驶过一排排转动的白色大风车，映入眼中的就是路边那成片的金色稻田。麦穗伴着微风轻浮，没有了盛夏的蝉鸣和蛙声的热闹，只有一首小时候的歌儿在心中反复哼唱："我们的田野，美丽的田野，碧绿的河水，流过无边的稻田；无边的稻田，好像起伏的海面。"

落下画的第二笔，是我走在农场被盛放的鲜花围在中间的每一条路上。路过农场主人家中的小院，院中一侧整齐种着西红柿、黄瓜、茄子、辣椒等蔬菜惹人馋，另一侧的苹果树、梨树则是被沉甸甸的果实将枝头压弯。我被果香吸引，驻足于门口挂着"佟家分场美丽庭院"的一户人家前，几名年轻人正忙碌地给新修的车库做防水，一位老人在院中的摇椅上与猫咪聊着天。

老人哼着一首很久之前的劳动号子"锤打铁锹叮当响，镐刨冻土震九霄……"他说，要画如今的生态大有农场，要先画1973年的锦县大有垦区。因为临着海，种庄稼打出的井水都带着咸，这可咋浇灌土地啊，家家因为庄稼用水可是愁翻了天。哪有人会想着还要清理河道，去管一管下雨时上游冲下的成堆淤泥，更没精力去治理周边的环境卫生，想尽一切办法让庄稼熟了不饿肚子，就是一年到头唯一的期盼。出门是土路，晴天一身土、雨天一身泥，周围还有一人多高的荒草地。住着石头泥巴垒的低矮房子，吃着夹着壳子的高粱米饭，就着自家腌的咸菜、做的农家酱。老人用他依然能看出冻疮的手，摘下院中树上很甜的苹果给我，他说那时候的三九天、三伏天，下地干活可全靠这双手，在那个严寒酷暑全靠身体硬扛的年代，二十岁出头的小伙子一镐子下去，冻硬的土地连个小坑都没有。没有这双手的苦，哪来如今生活的甜。

落下画的第三笔，画如今生态大有农场的执笔人，白衬衫、黑脸庞是他们的标配。他们随处可见，在村里、田里、场里、农户家里。辽宁"长子精神"从来不是一句空口号，建设新时代的智慧乡村、美丽乡村，发展生态农业经济，撸起袖子鼓足干劲，做大第一、第二产业，深挖第三产业，绿水青山的生态乡村建设让如今的"大有"越来越有。

要彻底改善乡村人居环境，这事儿说简单挺简单，说难可真挺难。闻惯了路上农家肥味夹杂着臭水沟子味，要挨家挨户动员清淤疏堵，做好榜样，着实得下深功夫。家美村才美，大有农场从党建统领、网格治理找切入口，充分发挥基层党组织的战斗堡垒作用，倡导"村民自治""分场为主、农场负责"的属地管理模式，细化区域、明晰责任、全域覆盖。调动村民主动性、积极性，河道治理、泥塘清污让昔日的臭水沟变成如今盛夏的满塘荷花香；公共卫生间进院，使日常生活不仅变得方便，更让村里家中整洁透亮；垃圾定点放置，每日定时清理，成立卫生清运队让垃圾清扫成为村路上最受欢迎的"仔"。路上无粪便，路边无杂草，春夏季俯拾即是满眼的绿、遍地的花；初秋满树的果实，遍地的丰收。

落下画的第四笔，是一辆辆盘锦大货车排成长长的队伍在路边等待收大米。在环境治理、土壤治理、水治理、生态建设已见成效的当下，鸭、蛙、鱼、稻共生的农场生态稻米不仅在锦州本地叫得响，邻市盘锦更是抢着提前签下采购合同；河蟹、大虾、海参、小龙虾等水产品养殖集群成规模化，与科研机构合作的海产品深加工技术、提取技术，相关产品深度研发，让生态大有正向着科技大有、产业大有迈进。

落下画的第五笔，是农闲时、丰收后村民们在家门口修建的广场上、花园里跳广场舞、健身操，幸福生活的笑容洋溢在脸上。生态宜居的环境在日常，产业集群发展带动经济创收，科技研发助力智慧乡村。在科学发展、生态文明的党的二十大精神指引下，大有农场打造离京最近的红海滩风景区，深挖人文历史与周边旅游资源，将农业产业与旅游、文化、康养深度融合打出"大有"品牌。这幅画现在还不能收笔，它会因大有人的勤劳、智慧变得越来越美。

49 锦州的生态故事

郑晓红　锦州市古塔区政协委员

锦州，这座历史悠久的城市，如今正以崭新的面貌向世人展示着她的绿色魅力。在这里，生态故事如同一曲悠扬的乐章，诉说着人与自然和谐共生的美好故事。

锦州的山峰层峦叠嶂，绿意盎然。春日，山花烂漫；夏日，绿树成荫；秋天，层林尽染；冬日，银装素裹。四季变换，锦州的山峦始终保持着生机勃勃的景象。漫步于山林之间，仿佛置身于一幅天然的水墨画中，让人流连忘返。

锦州的河流清澈见底，水鸟翩翩。在锦州的河面上，水鸟嬉戏，鱼儿游弋。河水清澈见底，倒映着蓝天白云和四周的绿树。人们可以在河边散步、垂钓、划船，享受大自然的恩赐。在这里，人与自然和谐共存，共同守护着这片清澈的水域。

锦州的森林枝繁叶茂，生机勃勃。在锦州的郊外，有大片的森林公园。这里树木高大挺拔，郁郁葱葱。森林内鸟语花香，空气清新宜人。人们可以在这里呼吸新鲜空气，放松心情，亲近自然。森林是地球的"肺"，也是我们人类赖以生存的家园。在这里，我们要珍惜每一片森林，让它们永远保持生机勃勃的景象。

锦州的生态故事不仅仅是自然风光的展示，更是人类智慧的结晶。在这里，人们注重生态平衡，保护自然环境。他们倡导绿色出行、节能减排、垃圾分类等环保理念，让绿色成为城市的底色。这些理念已经深入人心，成了市民们日常生活中的一部分。在锦州街头巷尾，你可以看到越来越多的人选择骑行或徒步出行；在商场超市里，你可以看到越来越多的人使用环保袋；在餐厅里，你可以看到越来越多的选择使用公筷公勺。这些看似微不足道的小事，却汇聚成了一股强大的力量，推动着锦州的生态文明建设不断向前发展。

锦州的生态故事还体现在城市规划上。在城市建设中，锦州注重生态优先、绿色发展。他们合理规划城市空间布局，优化交通网络，减少对环境的破坏。同时，加强城市绿化建设，增加绿地面积，为市民提供更加宜居的生活环境。如今的锦州，已经成为一座绿色、低碳、可持续发展的现代化城市。

在向绿而行的道路上，锦州正以前所未有的速度和力度推进生态文明建设。锦州人深知，只有保护好自然环境，才能实现可持续发展。因此，锦州人将继续坚持绿色发展理念，加强环境监

管和治理力度，推动经济社会与生态环境协调发展，同时积极探索创新模式和路径，加强国际合作与交流，共同应对全球性环境问题。

在这个过程中，我们每个人都是参与者、推动者和受益者。我们要从自身做起，从小事做起，为生态文明建设贡献自己的力量。我们要树立绿色生活理念，培养良好的环保习惯；我们要关注环境问题，积极参与环保公益活动；我们要倡导绿色消费，支持可持续发展的产品和服务。

锦州的生态故事是一个充满希望和活力的故事。在这里，人与自然和谐共生。未来，锦州将继续坚持绿色发展理念，为构建美丽中国贡献力量。让我们期待着更多关于锦州的生态故事，共同见证这片土地上的绿色奇迹。让我们携手共进，为创造一个更加美好的家园而努力奋斗！

50 魂牵梦绕医巫闾

胡丽敏　北镇市政协委员

登上时光的阶梯，从红尘中一路走来，在苍翠的林海中，演绎一场美丽的神话，这并不是奢望。眺望碧波万顷的松涛，心境伴随着微风的起伏而荡漾。徜徉在医巫闾山林海间，我们忘却了真实的自己，忘记了烟火的人间，忘怀了尘世中的尊贵与繁华，仿佛已经完全融化在这唯美的苍翠之中。

《山海经·大荒北经》记载："东北海之外，大荒之中，河水之间，附禺之山，帝颛顼与九嫔葬焉。""附禺之山"即医巫闾山。所有的寻找，都是为了抵达一场生命的纯净。难怪著名爱国诗人屈原发出"朝发轫于太仪兮，夕始临乎于微闾"的感慨。"于微闾"亦是医巫闾山。

无论是深藏绿色瀚海之中的观音阁，还是带着传奇色彩的大朝阳，或是那条峻拔摩空的大芦花，都是历史文化的积淀，都是岁月赋予医巫闾山的神奇，无须青山的承诺，也无须白云的见证。其实，生命原本就是一段难忘之旅。我们沿着吕洞宾"北登医巫闾，了却归空大道"的足迹，循着陈抟老祖大梦春秋的印痕，将忘我的过程填充，来完成生活赋予的使命。如果说，这片亚洲最大的原始黑油松林是上天遗落人间的碧玉，那么，五佛洞瀑布就是装点碧玉的银丝绦。三段落差相互交叠的瀑布如九天垂落的银练，用漫天飞舞的珠玉，装点着流年的记忆，在人生长河里激浪沉涛，将尘世间花开花落的故事、萍聚萍散的际遇都注入水中，变幻着大自然的慷慨与豪迈。

碧波荡漾的天仙湖，在阳光下闪烁着粼粼波光。浪花舞动，时而有五彩树叶飘落在水面，随着流水荡开，仿佛点燃了季节的灯火。这更像是一场旖旎的梦境，却又在波光潋滟的湖水中被大自然的呼吸惊醒。湖边的柳树，像是饱

经风霜的老人，令清澈透明的湖水，也流淌出几许深沉。青山拥翠，倒映在湖中，美轮美奂。此时，只想削一支柳笛，用悠扬的韵律，吹彻一曲虚室生白的心境，也吹彻一曲百转千回的清音。

云岩古刹位于峰峦之巅，这座千百年传承的飞檐古刹，如同镶嵌在悬崖峭壁上的宝石，流光溢彩。玉宇琼楼，悬浮云端，令人遗忘了曾经风尘起落的日子，只想在微风细雨的山间，守着一团云雾，过一段人间仙境的岁月，将华年滋养在林间。等到离去，再拾起，会和来时一样青翠。

选择在绿色山间徜徉，就像走过的时光，异彩纷呈。在碧绿中感悟生命的纯洁，而生命又在碧绿中得以净化。在医巫闾山那一帘流珠泻玉的瀑布装点下，无论是"北登医巫闾，了却归空大道"的吕洞宾，还是"一盘棋赢得华山"的陈抟老祖，抑或是一代宗师张三丰，都曾在这里驻足。这座无数历史名人青睐的北方镇山，仿佛要倾尽所有的热情，将岁月征服。雕梁画栋，飞阁流丹，可以超越世间一切繁华；晨钟暮鼓，磬律梵音，可以洞察世事万千迷津。

借着医巫闾山的松涛碧浪，将起伏的心情舒缓。这烟波浩渺的林海，汇集了大自然的鬼斧神工。它将青山、绿树、碧空、白云、飞鸟、古刹纳入其间，也将大自然的荣枯、人世的浮沉收藏在这里。广袤的林海中，每立方厘米负氧离子超过十万个，天然的赐予和人文的积淀，不仅可以洗涤我们的心灵，且足够我们用尽一生来畅饮。闲暇之时，依旧选择行走。站在风景之内，捉住空灵的真实。医巫闾山的空气是清晰的，非雨非雾；医巫闾山的碧绿是浓郁的，时重时淡。这里的山水，历经生命的追寻，蕴藏着春华秋实的内涵。

51 极目醉美红滩 驻足蔚蓝海湾

姚昌华 锦州市政协委员

绿苇红滩，群鸟翔集，河海相拥，织就五彩锦缎。

2023 年入秋以来，锦州市大、小凌河口湿地滩涂上大片的碱蓬草染上了火红色，"中国红"徐徐铺展，"蓝海湾"渐入眼帘。极目远眺，如熊熊烈火，似浓浓晚霞，绚丽斑斓，蔚为壮观。

美丽的红海滩一经展现，便吸引了众多市民、游客、摄影爱好者前来打卡、拍照，竞相点赞。而在这壮丽景色的背后，是辽宁省及锦州市为深入推进海洋生态保护修复而进行的不懈努力。

大、小凌河口两侧原为芦苇和碱蓬草交替出现的滨海湿地。前些年，随着区域围海养殖的大规模发展，这些湿地被养殖围堰占用，割裂了河口的天然潮沟，导致滨海湿地海水交换受阻，盐沼植被逐渐退化，自然湿地生态系统功能受损。

为修复海洋生态环境，作为 2022 年辽宁省唯一的海洋生态保护修复项目、"绿满辽宁"重点工程之一，锦州市海洋生态保护修复项目从 2022 年 8 月开始实施，于 2023 年 6 月全部结束，共完成海岸带整治修复约 1562 公顷、海岸线整治修复 7.62 千米，退养还湿面积约 1160 公顷，修复潮沟 14.1 千米。通过退养还湿、植被种植、潮沟修复等工程，在大、小凌河口之间打造红滩、绿苇、水清、候鸟栖息的自然湿地生态系统，让百姓共享生态红利。

近年来，锦州市不断加大湿地、沿海滩涂等保护力度，使得生态环境不断向好，极大地丰富了湿地生态系统的物种多样性。大片浅海滩涂湿地逐渐形成了河、海、草、鸟相依相存的独特生态系统，"湿地红毯""万鸟翔集"的壮美景观呈现在人们眼前。

据中国野生动物保护协会提供的信息，他们曾在大凌河口生态湿地一天内观察到 30 多种鸟类，其中国家一级保护野生动物有黑脸琵鹭、黄胸鹀、黑嘴鸥等，国家二级保护野生动物有大杓鹬、白腰杓鹬、小天鹅、白腹鹞、白尾鹞等，生态保护修复效果显著。

锦州市野生动物和湿地保护协会副会长余炼说，时隔多年，野生丹顶鹤重新选择在锦州湿地自然繁殖，表明这里的生态环境发生了质的改变。随着锦州市海洋生态保护修复力度不断加大，近年来野生鸟类种类和数量呈几何式增长，有 300 余种候鸟选择在大、小凌河口湿地繁殖，令人欣喜。

滩涂红了，芦苇绿了，鸟儿来了，百姓乐了。

渔民杨凯在大小凌河口附近打鱼已经 30 多年了，对当地海况非常熟悉。他告诉记者，近几年，海洋生态保护、修复及管理都十分到位，为他们带来的收益有目共睹。

锦州市民陈旭每到周末都要到红海滩玩上一圈儿。她说："看着海滩颜色一天天变红，面积一天天变大，环境一天天变好，作为锦州人，能观赏到如此美景，感到非常自豪、非常骄傲。我们要守护好这片湿地，让子孙后代都能欣赏到这样的美景。"

曹桂敏　凌海市政协委员

三月中下旬，正值春分时节，万物复苏。此时，北方乍暖还寒，上一年深秋远飞的燕子还未归来，家乡凌海却在悄然中成了天鹅、野鸭等候鸟们的迁徙地。这些鸟儿们或于水域上空翩然飞舞，或于带着冰凌的水中悠然地捕食、休眠，或三五成群追逐嬉戏，这些精灵们憨态可掬，为北方的春天平添了几多欢快的元素。它们婉转低鸣引颈高歌，似乎知道在这里，有无数等待和深爱它们的"故乡人"。

我是一个很喜欢自由和遐想的人，我渴望飞翔，向往蓝天，梦想与白云为伴，故常以"海鸥"自署。也不记得是几年前了，每次途经家乡的海域、河流或湖畔，总是习惯于远望，看一只只的海鸥翔于天际，在赞叹于它们的灵秀和圣洁之时，总免不了在心底陡然升起一种渴望。何时，我的家乡，我所热爱的那方热土会迎来百鸟同飞、鸥鹭齐唱？

民心所向，众盼所归。自 2014 年以来，锦州凌海市大力实施了生态修复项目，使我们的海岸线退养还湿，呈现绿苇红滩，海晏河清。还清澈、畅通于河道，让我们的"母亲河"开启水色氤氲，碧波荡漾。几年的修复让一个崭新的生态凌海展现在世人面前。大凌河口湿地区域，现如今岸绿林茂，水草丰美，鱼儿多多。每到秋季，悄然变红的碱蓬草连绵成另一种红色的海，连绵千里，引得无数珍稀鸟类来这里栖息，它们静时宛若一丹青水墨，浓妆淡抹总相宜。而动时，就化作一波波鸟浪，与天与海皆一体。这里已发现的一级保护野生鸟类就有黑脸琵鹭、黑嘴鸥等 10 余种，二级保护也达到了 50 余种。东方白鹳、丹顶鹤、苍鹭、黑翅长脚鹬等鸟类更是一次次飞抵凌海。如此奇观、美景自然也吸引了无数游人前来打卡。

鸟是人类的朋友，也是地球家园的成员。都说鸟类的数量，直接反映一个地区的生态指数。随着生态的改善，凌海的鸟类数量，也正在逐年上涨，现在已有 370 余种，每年飞经此处的鸟类更是已达百万只。每到群鸟起飞之时，场面极其壮观，真可谓鸟的世界，鸟的海洋。全球共有 9 条候鸟迁徙路线，其中有 3 条贯穿中国全境。在中国境内又细分成东线、中线和西线 3 条迁徙路线，中线纵贯于渤海湾畔凌海境内的大、小凌河流域。

为了让这些美丽的鸟儿们能在迁徙的途中，在自己的家乡有最好的歇息和补给，所有鸟儿欢快戏水瞬间与莺歌燕舞场景，都离不开爱鸟人士付出的无数辛劳和无尽爱心。

第一批锦州野保志愿者、凌海市著名摄影家刘晶华爱鸟、护鸟，十年如一日伴鸟而行。若你也是位爱鸟人士，锦州任何一片水域，只要有鸟的地方，你就很容易看到他的身影。他常年守护着那些在家乡或生活、或作客的鸟儿们，早出晚归，不惧疲惫，并用手中的相机记录了它们在这片乐土中最美丽和最惬意的栖息姿态和精彩瞬间。

在细致入微的观察中，刘晶华甚至发现了极小概率飞来锦州的国家二级保护珍禽白枕鹤。由此，他也接受了辽宁卫视"第一时间"的采访。可以说，他与野生动物的故事，从摄影开始，更是从爱开始。而赤麻鸭、绿翅鸭、花脸鸭、豆雁、斑嘴鸭等野生鸟类也都被他一一记录下，在三月初的一次巡视中，他更是拍了国家二级保护动物疣鼻天鹅、大天鹅、小天鹅混群的罕见镜头。要知道，疣鼻天鹅在锦州数量极少，它与大天鹅、小天鹅同框的情况也并不常见。而另一对夫妻，凌海翠岩镇的田万贵和陆敏，则是把荒山化为绿洲，植树、护林 40 年，用半生心血，换来千亩良田，并引来苍鹭、白鹭、红嘴鹭、夜鹭、池鹭等大批鹭鸟来此繁衍生息，足有 10 余个品种，2000 只之多。也由此，这个平凡得不能再平凡的地方，有了一个无比诗意的名字——鹭岭。

都说信念是成功的基石，田万贵和陆敏夫妇没有被城市的绚丽灯光所诱惑，他们扎根于荒山，执着于绿色，为自然增色，为人类造福，用半生的时间打造了一个属于所有人的鹭鸟家园、绿色王国。这也让他们的"鹭岭"无形中成了著名的网红打卡地，成了无数爱鸟人心之所向的圣地。翠岩镇政府更为此专门设立了观鸟台，让更多爱鸟人参与其中，感受山中有树、树上有鸟、树鸟一体、人鸟合一的绝佳景观。

正是有了一任接着一任干，咬定青山不放松的执念，凌海市坚持尊重自然、保护自然，持续推进绿水青山保护和海洋生态修复工作，既顺应时代潮流，也呼应民众意愿，深得广大环境志愿者的积极响应，不仅极大地改善了市民的生活环境，也为凌海加快城市转型发展、开发建设成为旅游发展城市打下了坚实的基础。

春分过后即清明。作者逐诗人白居易笔下的"闻莺树下沈吟立，信马江头取次行"之意境，听《诗经》所云："凤凰鸣矣，于彼高岗。梧桐生矣，于彼朝阳"的召唤。凤凰非梧桐不栖，当彩虹跨越山谷，我也听到三月的鹈鹕声声。而家乡的那系水、那脉山是否就是诗人笔下的那棵梧桐呢？

此时，春意正浓。在这个万物萌动的时节，在这些鸟儿悄然往返之间，我似乎也化作一只故乡的候鸟，于广阔天空，随晨露而起，逐晚霞而归，向绿而行，向新而生……

53 春，归来兮

刘东宁 凌海市政协委员

2024 年的春天本该来得比较早，因为立春是赶在春节前的，确切地说是腊月二十五这天。古人以立春为春天的初始，俗称打春。中国传统将立春的十五天分为三候："一候东风解冻；二候蛰虫始振；三候鱼陟负冰。"意思是从立春日始，春天的气息就已经来临。从气象意义来说，2024 年的春天主打一个"早"字。记忆中的春天，从来都是和煦的、温润的，而 2024 的春天，似乎更换了另一种姿态，不觉令人茫然。入春后先后出现了两次降雪，甚至最后一场雪量很大，且是在雨水、惊蛰之后，春分的前一天翩然飘落。其时冬天虽已过去，但是雪儿仍然不忍悻悻退场，于是我对于春天是否真的来临不免有些怀疑起来。联想到人生舞台的每一场谢幕，难道不都是如此这般留恋和依依不舍吗？

年少时的感知，春天是小燕子穿花衣的旋律；春风是二月剪刀裁成的绿色丝绦；春雨是纷纷飘落的润物无声；春光是明丽的九九艳阳天……青壮年的认知，春天是新绿的叶子在枯枝上长出来，阳光温柔地对着每个人微笑，春天像美丽的姑娘花枝灿烂，春天似健壮的青年，春天是一切美好的憧憬……中老年的感悟，春天是一元复始中的万物复苏，是阳光映照下生机勃发的满眼盎然春意，也是悠闲舒适放飞自我的怡然自得，更是拥抱自然未来可期充满希望的季节……

阳春三月，我有机会走进锦凌水库，亲近这湖光山色，感受不一样的春天气息。临近中午时分，驱车从凌海翠岩大集东侧的一条新修的柏油路向南直行，穿过一排排整齐的民房，窗外勤劳的乡民正在辛勤地整理着田地，做春耕前的准备，时而俯下身去捆绑秸秆，时而挪动身体归整田间的石砾，好一派田园即景。汽车沿着蜿蜒起伏的田间公路，继续行驶三四千米，但见路旁矗立的石碑上刻着"鹭岭仙居"四字，隽秀的书法镌刻映入眼帘。转弯处更有豁然醒目的"鹭岭"两字的标识，提示着原来我们已然走进锦凌水库鹭岭生态保护区附近。因此时回迁的鹭鸟已经陆续回归故里，为了不惊扰鹭鸟，我们驻车步行前往。由于行走路径地处制高点，视野较为开阔，加之此时植物还未完全泛绿，前后左右风光一览无余，景致尽收眼底。远远望去，高山平湖波光粼粼，近岸边避风塘里成群的水鸟游弋嬉戏，远处有赤麻鸭、罗纹鸭、绿翅鸭、琵嘴鸭、针尾鸭、白天鹅、白额雁、鸿雁、灰雁等亲水鸟类，近处更有善于飞翔的白鹭、苍鹭、夜鹭、池鹭等鹭鸟，一会儿飞冲天盘旋于空中，一会儿嘶鸣欢唱于山林之上，一会儿又衔枝筑巢互相配合，展现了锦凌水库初春时节万羽翔云的别样生态之美。

鹭岭位于锦州凌海市翠岩镇前田屯村廖屯，因栖息着数千只鹭鸟而得名。生态好不好，鸟儿最知道。鹭鸟被誉为"生态的晴雨表"。鹭岭西濒锦凌水库保护区，东依幽深静谧山凹，坡上植

被繁茂，沟内松、榆、枣、槐树木丛生，自然生态环境良好。近年来，广大村民积极保护生态环境，引得越来越多的珍稀野生鸟类迁徙、栖息于此，使鹭岭成为远近闻名的生态旅游"打卡地"。这片美景的守护者、坚持植树造林 40 余年的田万贵、陆敏夫妇介绍道："眼前的这片树林，由于多年来植树造林和生态保护，环境发生了翻天覆地的变化，天更蓝、水更清、山更绿。"随着生态环境持续变好，此处栖息着大批白鹭、苍鹭等鹭鸟，一年四季，或洁白，或灰色，或多彩羽毛的鹭，在林间和水岸筑巢、繁衍、嬉戏，漫山葱绿和无垠碧波的映衬下，形成了一幅独特的人、山、水、鸟和谐相处、相偎相依的自然画卷。由于在生态保护方面的突出贡献，陆敏在 2023 年"六五环境日"被全国妇联推荐为国内仅有的两位"最美生态环境志愿者"之一，获得"2023 年百名最美生态环境志愿者"荣誉。

锦凌水库坝址以上控制流域面积 3029 平方千米，水库总库容 8.08 亿立方米，正常蓄水位 60 米，相应库容 5.94 亿立方米，水库正常蓄水面积为 52.71 平方千米，是锦州市最大的水库，也是锦州几十万居民生活饮用水的最主要水源地。锦凌水库的建设始于 20 世纪八九十年代，从工程论证，到施工建设完成，前后历时约 30 年。如今的锦凌水库不仅将锦州市城市防洪标准提高了一个档次，同时也可以调节小凌河的径流，每年还可以向锦州市提供几千万立方米的水资源，满足锦州国民经济发展对水资源的需求，并替代现有的地下水水源地，减少地下水开采量，从而改善地下水环境。而锦凌水库这一汪碧波，映衬着两岸的葱郁植被，也为锦州增添了一处风光旖旎的生态景观。

几年来，凌海市委、市政府及地方乡镇政府积极践行"绿水青山就是金山银山"理念，依托自然资源，大力保护生态环境，积极发展文旅产业，引得越来越多的珍稀野生鸟类迁徙、栖息于此，如此美景着实令人流连忘返。返程的路上，我虽有些倦意，也颇有心得。滴！滴！汽车的笛声打断了我的思绪，倏然间，触景生情，脑海中浮现出"向绿而行，向新而生"的诗意画面。眼前所见即是人与自然和谐共生的美好画卷，不也正是鸟类眼中应有的春天之美吗！我不禁要发自内心地疾呼：春，归来兮！

料峭春风吹酒醒，微冷，山头斜照却相迎。
回首向来萧瑟处，归去，也无风雨也无晴。

此情此景，也许用苏轼这两句词，最能代表我此时的心境。

2022 年秋天，营口市永远角湿地内发现两只丹顶鹤。进入 2023 年 3 月，工作人员在巡护中发现，两只丹顶鹤不共同出现在人们视野，而是交替外出觅食。后经分析，丹顶鹤已进入孵化期。丹顶鹤警惕性极高，如果游人观赏距离过近，它们会选择弃蛋。因此这一期间，市林草局联合市公安局、市林草中心、西市区农业农村局、市野生动物保护协会等部门加大了保护巡护力度，避免游人近距离接触，惊扰到丹顶鹤。丹顶鹤一次只能孵化两枚鹤蛋，在自然孵化条件下，两枚鹤蛋存活的概率只有 50%，换言之，两只小鹤仅能存活一只。温暖的 4 月，两只小鹤成功孵化出壳，人们开心地为它们取名为"铜铃""天沐"。"铜铃"寓意"鹤鸣天地、万物吉祥"，"天沐"寓意"上天护佑、生生不息"。

2023 年 4 月，两只成年丹顶鹤带着两只周身长满绒毛的幼鸟走出芦苇荡，沐浴阳光，自在觅食，"四口之家"正式亮相，画面温馨又幸福。7 月，丹顶鹤夫妇带着一双儿女正式开启了试飞之旅。起初，两只大丹顶鹤一直陪伴在小鹤身边教它们飞翔。两只小鹤认真练习，在地上扑棱着翅膀，仿佛婴儿蹒跚学步。8 月起，丹顶鹤宝宝开始练习低空飞行，随着体魄不断强劲，飞翔水平慢慢与父母接近。9 月初，丹顶鹤一家曾飞离营口。时隔 1 个多月，10 月中旬，它们再次"回家"，让营口市民着实兴奋不已。

2023 年深秋，我们发现丹顶鹤准备在营口越冬，没有迁徙迹象，市林草局立即行动，组织召开野生动物保护部门联席会议，专题商讨、研究如何加强丹顶鹤保护，帮助丹顶鹤成功越冬。围绕水、食物及生存空间三大生存要素，依托有活水流动的不封冻区域，科学划定重点保护区域，以方便丹顶鹤饮水、洗浴、嬉戏。通过加强巡查巡护，广泛宣传动员，维护周边秩序，科学定点投喂等方式切实保证了丹顶鹤的生存环境。春回大地，万物复苏，在全市人民的关心关注下，通过全社会不懈努力，丹顶鹤在营口市成功越冬，迎来了属于它们的崭新春天。

2024 年 3 月，两只成年丹顶鹤再次进入孵化期，我们期待两只丹顶鹤孕育的新生命能顺利诞生并健康快乐成长。在这两年多的时间里，我要着重提一下丹顶鹤爱好者、摄影家韩国庆老师以及不愿透露姓名辛苦付出的高老师、赵老师。韩国庆老师讲到："我们是一个团队，自发的团队，我们每个人都是行动者，我们每个人也都是见证者。"韩国庆老师以一位"忘年交"长者的姿态，向我时时讲述着他与影友们跟踪拍摄丹顶鹤，与志愿者们日夜"护鸟"的心路历程。一行摄影家在跟拍到访营口永远角湿地的丹顶鹤时，惊奇地发现这两只丹顶鹤"并不怕人"，它们乐于与人亲近。从 2022 年秋天来到营口"永远角"之后的几个月里，丹顶鹤始终保持着与人近距离接触的状态，它们脚上没有编码，也没有脚环，对人类表现出异常的亲近，这令人分外欣喜。此时此刻，人们心里想的，是让营口永远角湿地成为它们倦飞的归处。

"铜铃"与"天沐"诞生后，营口摄影家们与日月同晨昏，用镜头生动记录着丹顶鹤一家四口的生活点滴。从丹顶鹤夫妇的相濡以沫、到"铜铃""天沐"的蹒跚学步、自主觅食，历经寒来暑往、风餐露宿，人们心中驻留的从来不是海风的凛冽与刺骨，更不是午夜难抑的困倦，而是每一次记录精彩瞬间的叹为观止，每一次感动生命力量的相拥而泣：丹顶鹤幼崽的首次试飞；丹顶鹤四口之家的第一次协同飞行；每一次丹顶鹤喂养幼崽的温情瞬间；每一次丹顶鹤与人亲近的展翅舞蹈；每一次游客担心打扰丹顶鹤而默默投食后留恋不舍离去的眼神……无法计数的动人瞬间在摄影家的镜头中流淌出生命的温度，从他们的心里，流到他们的眼中；再从他们的眼中，流淌出滚烫的液体，在海风侵蚀而皲裂的脸颊上，留下两行鲜明的印记。

情怀，是所有巡护人员的精神追求，是"护鸟"志愿者的心之所向，更是营口人民的人文共识。也正是因为这份情怀，才让来自营口四面八方的"爱鸟、护鸟"人士自发组成生态保护网，以众志成城的社会力量，熔铸起"胸怀锦绣、纳爱于怀"的生态绿色人文之城。

长夜无眠，思绪万千。2024 年大地回春，万物欣欣向荣，又将讲述几多惊喜与感动。丹顶鹤栖息地已更名"仙鹤湾"，盼望着朋友们再度到访"仙鹤湾"时，能与丹顶鹤"不期而遇"，让"云游不知何处去"的我，在永远角湿地得以一见丹顶鹤于茫茫海天翱翔闲游的"去留无意"，笑看十里春风的"云卷云舒"。

55 大美湿地鸟翩跹

赵群群　营口市站前区政协委员

营口因河而兴，因海而胜，曾经辽河航运和渤海海运造就了营口的繁华。据营口旧方志记载，近代营口自从取代牛庄开埠以来，辽河岸边舳舻相连，营口老街商贾云集，被誉为"东方贸易总会"，是当时东北地区最为繁华的水旱码头。如今的大辽河上虽然早已不见百年前船帆林立、百舸争流的壮观场景，岸边湿地里却时常可见飞鸟翱翔，展现在人们面前的是一幅秀美的生态画卷。

营口位于辽东湾北端，处在全国 3 条候鸟迁徙通道中"东亚——澳大利亚"候鸟迁徙通道上，是候鸟迁徙的重要停歇地和中转站，也是中国大陆唯一可观夕阳坠海的城市。每年春秋两季，数十万只候鸟在此停歇，造就了鸟飞湿地伴舞落日余晖的奇观，因此大辽河入海口的湿地吸引了越来越多人的关注，数不胜数的摄影爱好者把目光投向这里。每年 4 月中旬至 5 月中旬，候鸟逐春而来，摄影爱好者也来到这里，用镜头拍下一张张鸟飞如浪的照片。

营口对北起四道沟渔港，南至营口华能电厂的全长 8 千米海岸线候鸟停歇地环境保护工作非常重视，始终坚持生态优先理念，严控过度开发。同时不断加强环境治理，增强市民环保意识，在原始地貌之外形成了开发隔断，有效地保护了滩涂湿地的环境，保障了候鸟栖息地的联通性。当湿地被蚕食成为世界难题，营口的湿地却不减反增。大潮过后，永远角湿地一片浮光掠金，芦荡间、碱蓬间密布水泡子和小河沟，湿地得以继续休养生息，面积增加，质地提升，水韵生动。辽河入海口海河交汇，雄浑壮观；浩瀚苇荡，一望无际。营口广阔的淤泥质滩涂，成为候鸟不间断连续飞行 6000 多千米后的"服务区"。丰富的湿地资源保护了生物的多样性，小鱼小虾、海蚯蚓、潮蟹和多种贝类为候鸟提供了充足的食物。鸟类是个敏感的物种，对生存环境要求高，哪里生态环境好，它们就迁徙到哪里。目前，营口滨海湿地共记录到水鸟 4 目 8 科 39 种，约占我国湿地水鸟物种总数的 14.39%，主要以鸻鹬类、鸥类及雁鸭类为主。水鸟们如一群勇敢的精灵搏击长空，凭借着生存本能给大辽河沿岸带来生机，诠释着生命的美好。

如果说百年辽河老街里一座座标志性的古建筑是营口历史的见证，是营口城市的符号，体现着城市厚重的底蕴，那么辽河入海口群鸟翩飞共舞的鸟浪奇观则是一张生态名片，擦亮城市文明生态和谐的金字招牌，在水天之间谱写出灵动的生命音符。

56 永远角湿地——生机盎然的生态诗篇

卜兰杰 辽宁省政协委员

永远角湿地位于辽宁省营口市大辽河入海口，城市西端的西炮台公园以北，北临大辽河，西濒渤海辽东湾。登临辽河特大桥向西眺望，可观永远角湿地全貌。

永远角湿地不愧是大自然鬼斧神工的杰作。走进永远角湿地，宛如打开了一幅充满活力的四时画卷：春天，是这幅画卷轻柔的开篇，万物复苏，新生的绿意在湿地边缘泛起涟漪。盛夏时分，芦苇轻摇着夏日的清风，绘就生命蓬勃的篇章。最美的当属秋季，湿地的红火与金黄辉映，泼洒出色彩冲击强烈的画作。冬季来临，白雪皑皑，冰封静谧，诉说着冬天的宁静与和谐。

永远角湿地也是一首承载着无数生命欢歌的诗。每一次踏入这片绿意盎然的土地，我都能感受到那份生机勃勃的气息。在这里，芦苇摇曳生姿，水鸟翔集嬉戏，鱼儿在水中自由穿梭，一切都显得那么和谐而自然。

永远角湿地更是人类与自然和谐共生的生动写照。今天的永远角总会让你对它的美景感到震撼，发出赞叹，你可能不会想到营口曾差点永远地失去这个"天然氧吧""城市绿肺"。曾几何时，永远角湿地还是一片被忽视的荒滩，其周边被垃圾填埋场、污水处理场、炼油厂等环抱，工业废水、生活污水入侵湿地，导致永远角湿地水质严重恶化。永远角的万亩苇塘，也被租赁给周边的养殖户养鱼、养虾，养殖户为了扩大鱼塘虾塘规模，不断破坏芦苇，造成海水入侵，土壤含碱量增大，土壤板结，芦苇大量死亡，湿地面积萎缩，生态环境遭受破坏。

随着 21 世纪的钟声响起，国家对于环境保护的意识愈发强烈，而永远角湿地的保护与生态修复工作也相应被纳入了重要议程。2002 年 1 月，地方政府展现了其前瞻性的环保理念，将辽河口湿地保护区新编制入主城区总体规划，并特别将永远角地区划入受保护的绿色版图。此举不仅体现了对自然生态的尊重，更是对未来可持续发展的坚定承诺。继此之后，进一步明确了对永远角湿地实施生态保护的具体区域，将其范围设定为 280 万平方米。这一决策标志着对该地区的自然资源与生态系统的深度关怀，确保了永远角湿地能够持续发挥其不可替代的生态服务功能，为人类和自然创造一个和谐共生的栖息地。

在此基础上，政府部门、环保组织以及社会各界人士齐心协力，采取了一系列有效措施来恢复和提升这片宝贵湿地的健康状况。严格控制污染源头，新建医废处置中心，彻底解决了永远角垃圾填埋场问题；全面清理大辽河入海口周边的虾圈鱼塘，使永远角湿地得到持续保护和休

养……各项湿地生态修复工程和计划的逐步展开，确保永远角湿地的每一寸土地都能得到精心呵护。随着持续努力，永远角湿地的生态状况逐渐好转。水质得到了显著改善，生物多样性也得到了恢复。如今，在这片湿地中，可以看到斑海豹每年的洄游，各种水鸟在水面上嬉戏，鱼类在清澈的水中游弋，芦苇随风摇曳，仿佛一幅生动的生态画卷。每年春季，大量的候鸟在这里停歇，他们舞动着翅膀在空中飞舞，形成蔚为壮观的"鸟浪"奇景，为这片湿地增添了更多的生机。

2022 年，永远角湿地的生态画卷添上了新的篇章。一对丹顶鹤夫妇如同天上降临的使者，选择在这片碧水绿草间筑巢安家。它们那信步闲庭、飘逸起舞的姿态，不仅令当地摄影爱好者和爱鸟者为之着迷，更是吸引了无数游客慕名而来，渴望一睹这自然界中难得一见的优雅风采。永远角湿地因此成了营口市内一处远近闻名的网红打卡地，其名声迅速传播开来。更为喜悦的是，这对丹顶鹤夫妇又迎来了新生命的诞生，两只活泼可爱的丹顶鹤宝宝在这片充满生机的湿地中呱呱坠地。这一喜讯不仅意味着永远角丹顶鹤家族增添了新的成员，也象征着该地区生态保护工作的卓越成果。幼鹤的成长过程被人们用镜头记录下来，每一帧都充满了生命力与希望，成为人们交流和分享的珍贵话题。

永远角湿地的生态恢复，不仅是对自然的一次救赎，更是对人类发展理念的一次深刻反思。它告诉我们，经济发展不能以牺牲环境为代价，只有实现人与自然和谐共生，才能实现真正的可持续发展。在这里，我们看到了生态优先、绿色发展的美好前景，也看到了人类对自然的敬畏和感恩。永远角湿地的故事不仅仅是一个生态奇迹，更是一首人类对自然的赞美诗。让我们以这首诗篇为指引，共同走向一个更加绿色、更加和谐的未来。

57　一条河，一座城的生态名片

鲁文仁　阜新市太平区政协委员

细河，阜新的母亲河。它蜿蜒曲折从城市中心穿越，8000 年不舍昼夜地流淌，孕育了文明发端的玉龙故乡。斗转星移，沧海桑田。一代代厚道阜新人，情系母亲河，励精图治，躬耕前行，艰苦卓绝地对细河进行治理，把细河打造成一张人文景观和谐、行洪安全、河道景观亮丽、生态优美的城市名片。

细河，阜新的母亲河，也曾深染沉疴。曾几何时，细河经常发生水灾，田亩被冲毁，房屋被冲倒，村庄被淹没，细河一度成为一条"毒蟒河"。曾几何时，细河还是一条排污河。城市生活垃圾，白色污染的肆意倾倒，洗煤水的横流，工厂污水的多处排放……河堤边到处是白色垃圾，河道里弥漫着难闻的气息，整条河流被污浊所覆盖。尽管困厄重重，尽管历尽千难万险，一代代阜新人始终坚持对细河的治理。20 世纪 60 年代，实施森林城建设工程，使细河流域的生态环境不断得到改善。到 70 年代，在细河的上游，主要支流伊玛图河上修建水库——佛寺水库，保下游村民和农田。从 1988 年采用水生植物水葫芦净化污水成功，到对细河治理"一张蓝图绘到底"的"543"工程。沿岸建设的 20 余处湿地更是吸引苍鹭低飞，娇莺恰啼。细河五条支流水清岸绿，四大桥梁生态示范点水光潋滟，三大生态示范区风光秀丽，到近年细河国考断面水质全面达标。

对细河的治理，阜新人始终把责任记在心里、扛在肩上、抓在手里。2000 年，细河治理被阜新市委、市政府列为彻底改变城市面貌的核心工程。从 2001 年 9 月 3 日西河改造工程奠基，到 2004 年 12 月 14 日西河治理工程竣工，5.4 千米的治理工程干起来，4 座橡胶坝筑起来，9.5 千米污水截流干管铺起来，2.1 千米的新建河堤搭起来，10.72 千米的游览路线修起来。一组组数字背后，是全城 180 万父老的信心，是阜新人让细河旧貌换新颜的决心，更是阜新人让细河变清变美的一片真心。

细河公园落成，河道规整，4 座橡胶坝把细河城市中心段分为 4 个库区，橡胶坝上清水如飞瀑，向库区奔涌；如白练，在河中飞扬。因为生态改善，水面上荷花娉婀娜，荷叶圆圆田田；水中鱼儿洄游，鸳鸯戏水。更有白鹭在空中展翅，野鸭在苇丛中安家，小船轻荡水面，舟楫划开一道道波纹。而细河南北两岸更是绿树红花，鸟鸣婉转。

为预防水土流失，细河公园内种植黄金槐、香花环、金丝柳等珍贵树种已达 20 余种，栽植乔木、针叶花灌木 20 余万株，播种紫花苜蓿 7 万平方米，绿化面积达到 26 万平方米。一片片林地，是绿色在召唤，是绿色在蓬勃，是绿色在涌动，绿树成荫站成细河的诗行。而紧簇的花团，通

幽的曲径，河堤上的亭台楼榭，仿若仙境一般，让人流连忘返。同时，与细河治理相配套的月亮广场、健身广场、野生鸵鸟孔雀园，更带给人别样趣味。

民有所呼，必有所应。2021 年至 2022 年年底，为切实加强细河城区河道治理，改善河道水生态环境，阜新市委、市政府决定对细河中心段进行防洪治理工程加固。堤防 17 千米，新建堤顶沥青路 17 千米，改建护岸 13 千米，河道清淤 33 万立方米，工程防洪标准为 100 年一遇。如今的细河水更清，景更美，道更畅，它是一条清水河，一条景观河，一条幸福河。

细河之美源于"治"，百里碧波胜在"管"。早在 2004 年，阜新市制定了河道管理办法，实施细河综合治理，取得了阶段性成果。2020 年 5 月 1 日，坚持生态优先、绿色发展理念，防治并举，协同推进的《阜新市细河保护条例》施行。条例实施以来，阜新市以河长制为抓手，各县区各部门协同发力，多措并举，取得了扎实成果。逐个河段落实管护责任，建立巡河护河规章、奖惩考核机制，智能化无人机巡河广泛应用，河长警长"双长"同步推进。保护母亲河，守护母亲河，让母亲河长治久清，让母亲河固本强基，让母亲河永葆生态之美。每年"五四"青年节，每年 6 月 5 日的世界环境日和其他节假日，清理河堤的垃圾，青少年在行动，志愿者在行动，公益岗人员巡河在行动。细河，阜新的母亲河，正成为一条生态河、生产河、生活河的"三生"河。

落日的余晖中，人们纷纷走出家门，如约来到细河边，或是在河边的甬路上漫步，或是在河堤徜徉，或是在月亮湾景区赏花观草，或是坐在长椅上任河风习习地把全身吹透，或是在湿地公园前各个景点前留影作纪念，或是在两岸的长廊里静默、沉思。人们在细河两岸尽享着细河带来的清新、自然，田园牧歌般的情怀在人们心中油然而生。暮色四合，细河边桥头上的几座凉亭里，人们自发组织的乐器班开始演奏。二胡的低沉、古筝的清韵、扬琴的明亮、萨克斯的悠长、边鼓的铿锵、葫芦丝的圆润都奏成了一曲曲曼妙绝伦的曲子。有《渔舟唱晚》的流畅优美，有《梅花三弄》的回环跌宕，有《十面埋伏》的高亢激昂，有《高山流水》的雄浑深沉，有《二泉映月》的凄婉深情……那曲调，那琴声，交汇着，在细河水面上萦绕回荡。

细河，阜新的母亲河，阜新一张亮丽的生态名片，带着日月汨汨流淌，带着阜新父老一起奔赴美好的明天和远方。

丁志军　阜新蒙古族自治县政协委员

冬日细河，清晨里，汩汩流淌的河水，腾起阵阵晨雾，携着雾凇，为细河披上了薄薄的轻纱。

暖阳时隐时现，显得静谧而又迷离。2023 年的冬季，阜新的乡愁，与一只倦飞的候鸟连在了一起。这只候鸟的名字叫作东方白鹳，它在阜新城市细河蒙古贞白鹭洲已经生活了近两个月。他俨然熟悉了这里的环境，吃惯了细河里的小鱼，认识了每天来拍摄和呵护他的人们。

我给东方白鹳起了个通俗的名字——"鹳哥"。一来二去，"鹳哥"的名字就传开了。每天天不亮，我们就扛着重重的摄影设备，驱车来到细河岸边，就能看到"鹳哥"。

冰天雪地，终究是阜新这个季节的常态。数九寒冬的清晨，看到"鹳哥"有时就在几米外的河水里静静地站立，好像在这里等着老朋友来看望和拍摄它。

摄影人已经成了"鹳哥"的老朋友。每天的各个时段，都会有摄影人来到细河岸边。看到"鹳哥"的状态，大家在拍摄中就给微信群里的影友们报个平安，发个位置，这也成了摄影人和"鹳哥"每天的常态生活。风雪严寒里，我们在雪地一站就是几个小时，关注和拍摄"鹳哥"的状态。也正是早晚最寒冷的时段，看到"鹳哥"站在风雪严寒的水里，我们手脚冻麻木了，也不舍得离去。最寒冷的几天，"鹳哥"的头顶、下颚的羽毛上都冻上了冰块，让人看着心疼。

"鹳哥"那鹰一样的眼睛，在吃鱼的间隙发出犀利的光芒，向人传达出了从未见过的坚毅。阜新细河的生态和食物链让"鹳哥"停留下来越冬，阜新就成了"鹳哥"的第二故乡。

倦飞的"鹳哥"为阜新增添了一份美丽的乡愁。几十年前的细河，臭气臭水黑煤灰，洁白衬衫一天黑，这样的生态环境给人们心中留下了深深的印记。如今的阜新，一改过去的样子，当人们走上细河观景台，如临琼岛仙境。2024 国家一级保护动物——东方白鹳与生态阜新双向奔赴，国宝级珍稀候鸟东方白鹳成了阜新的当红明星。

阜新金山银山已成画卷，吉祥鸟东方白鹳和白鹭来细河安家落户，犹如远方的游子回家，倦飞的乡愁在慢节奏的城市里渐渐弥漫，渐渐悠远。

游子思乡，倦鸟归巢。我们期盼东方白鹳能记住阜新，重返故乡。

59　家在青山绿水间

王晶晶　彰武县政协委员

一半是沙海茫茫，一半是青山绿水；
一半是风沙遮日，一半是天蓝云白；
一半是荒凉满目，一半是生机盎然……

这具有强烈视觉冲击感的画面，源自 2024 年 3 月 12 日中宣部"学习强国"学习平台发布的一张植树节海报。这一黄一绿令人震撼的实景，是我的家乡彰武县治沙前后的对比图。

我的家乡地处科尔沁沙地南部。中华人民共和国成立前，全县 24 个乡镇有 23 个属于沙区，沙化面积占全县总面积的 96％。肆虐的风沙严重制约彰武地区经济社会发展，影响人民群众生产和生活，更为严峻的是，这里的风沙一个半小时就会到达沈阳市，对辽宁中部城市群的生态安全构成了重大的威胁。

面对步步紧逼的黄沙，彰武人没有妥协。20 世纪 50 年代初期，以刘斌为代表的第一代治沙人怀着为党担当、为民造福的初心使命，满怀豪情拉开了新中国科学治沙的帷幕。他们的足迹遍布无边大漠，汗水洒在座座沙丘，终于创造出沙地变林海的绿色奇迹，总结出一整套科学治沙模式，为中国乃至世界防沙治沙提供了宝贵经验。

咬定青山不放松，一代接着一代干。进入新时代，彰武人积极践行"绿水青山就是金山银山"理念，创新探索出"以树挡沙、以草固沙、以水含沙、以光锁沙"等综合治理模式，大力打造集山水林田湖草沙为一体的草原生态恢复示范区，实现了由"沙进人退"到"绿进沙退"的历史性转变。

生态彰武的立体画卷在天地之间自信地展开，出现在植树节海报上的"彰武绿"就是长卷中的一页。它是欧李山的空中俯瞰图。图中，不仅有青山环抱的湖水，绿意盎然的草原，还有一片郁郁葱葱的林海。那不是普通的林海，而是达到国际先进水平的科技治沙林，是工程师吴德东带领他的铁军历经五年时间营建出来的。

这场绿染沙原的战斗始于 2000 年。那年 2 月，辽宁省林业厅决定建设新的防沙治沙示范区，彰武荒漠化严重的后新秋镇成为核心区之一。吴德东领衔出征，为保证建设的科学性与实用性，给全省治沙起到示范带头作用，他和队员不畏艰辛，迎难而上。他们与干旱搏杀，在夏季栽植下樟子松与赤松容器苗；他们与冰雪对抗，采用 SAP 带冻土坨植松技术完成冬季大树移栽；他们以围封、飞播造林、人工造林相结合的措施，建设起高效的复合防护林体系……这项成果被载入《科学时报》并受到全省科学大会表彰，这片林海成为国家防沙治沙示范区建设典范。

每一片林海，背后都有一段感人的故事。彰武以科学治沙著称，以片片林海名扬天下，我就再介绍两片画外的科技林吧。遥望新中国第一片樟子松引种固沙林，老一辈工程师奋斗的足迹历历在目：韩树堂不远千里奔赴呼伦贝尔原始林区考察，谢浩然不顾重病从长春净月潭林场引来松苗，王永魁不怕风吹沙打在育苗基地日夜守护……有了他们的上下求索，才有史无前例的沙地植松；有了他们的矢志不移，樟子松才跨越 6 个纬度在章古台安家落户；有了他们的永不退缩，彰武治沙才迈出了具有历史意义的一步。

绿意在绵延，精神在延续。让我们把镜头再拉回到 2022 年营建的碳中和林。这是辽宁省第一片碳中和林，"六五环境日"国家主场活动曾选择在这里。林子里有樟子松、彰武松和蒙古栎等树种，可以说是彰武 70 年防风治沙固土树种的集中展示。这些默默无闻、甘于奉献的树种会让人想起具有相同品格的治沙人。其中，投身于这一项目的工程师王恩利就是令人敬佩的一位。他毕业于北京林业大学，在校时曾是学生会干部。毕业时，他完全可以像其他同学那样选择去繁华的城市，但为了改造辽西北风沙面貌，他心甘情愿来到这地处偏远的沙乡，将自己的才智与青春全部献给了异乡的土地。

就是这一片片林海，在科尔沁沙地南部筑起了坚实的生态屏障。如此，才有山之青，水之绿，四时之花香……

彰武的景色是美的，美在感动，美在内涵，所以很耀眼。

60　种下一片绿　保护一座城

杨柏玲　彰武县政协委员

"狂风卷起漫天黄沙打在玻璃上哗哗作响，整个天空像是拉上了一条黄沙的幔帐，太阳早已没了踪影，昏天暗地的，咫尺之外什么也看不见了"……

没错，这就是儿时写作文时，我用来形容家乡句子……

我的家乡位于科尔沁南缘，是辽宁省最大的风沙区，每年 40% ~ 70% 的农田遭受风剥沙压，肆虐的风沙不仅给当地的生态环境带来了毁灭性的灾难，在季风的作用下，沙尘每年还以惊人的速度向东南扩展，直接威胁着辽西北乃至中部城市群的生态环境及国土安全。

中华人民共和国成立后，彰武人民便着手造林、种草，与沙漠展开了艰苦卓绝的斗争。1952 年，辽西省在章古台镇设立我国第一个固沙造林试验站。1978 年，彰武县被国家确立为三北防护林建设重点县。2001 年，彰武县被辽宁省确定为退耕还林试点县。2008—2015 年，辽宁省委省政府在彰武实施了草原沙化治理工程，为全国同类地区提供了可借鉴和复制的模式。2015 年至今，彰武县实施了以防沙治沙、三北防护林、辽西北草原沙化治理、新增百万亩国土绿化行动为重点的多项生态工程建设，生态环境明显改善，防护林带向科尔沁腹地推进了 13 千米。全县森林覆盖率提高到 31.47%，平均风速由 20 世纪 50 年代的每秒 3.4 米下降到 1.9 米，不仅改善了全县广大群众的生产生活，筑起了辽西北第一道生态屏障，更保护了辽河平原和以沈阳为中心的辽宁中部城市群生态安全。

虽然经过几十年的防沙治理，彰武生态环境出现好转，但半流动沙丘、风蚀点问题仍然突出。面对"总体改善、局部恶化"的生态环境局面，按照省委、省政府的工作要求和市委、市政府提出建设彰武草原生态恢复建设项目的战略构想，彰武县委、县政府提出了以"一点两线一面"为框架的治沙战略布局。"一点"，即建设西六家子镇的优质牧草基地；"两线"，即重点治理柳河，养息牧河两岸的风沙源；"一面"，即以生态脆弱区为核心，重点加大北部沙荒区治理（7 个乡镇），全力建设 150 万亩山水林田湖草沙相统一的生态屏障。

按照"一次规划，分步实施"原则，历时 3 年多的不懈努力，彰武县共流转土地 12.5 万亩，实际恢复 17 万亩，完成造林 58 650 亩，治理风蚀点 79 处，牧草补播 81 630 亩；实施围栏封育 260 千米，打井 239 眼，建成 66.5 千米草原路；大力发展庭院经济、特色农业、高效农业约 2500 亩；建成 6 个肉羊养殖场、1 个肉牛养殖场，并投入使用；同步实施了 7 个美丽乡村和 2

个美丽乡村升级版建设工程；重点打造了欧李山、德力格尔、半拉山等旅游观光带；基本实现"一年初绿、两年满绿、三年见成效"的目标，在彰武北部 4 个乡镇、15 个行政村形成了 54 万亩疏林草原。

通过综合治理，示范区内草原植被覆盖度由治理前的不足 20% 提高到 80% 以上，原本裸露的流动沙丘、半流动沙丘已全部固定，平均风速由 3.4 米 / 秒降到 1.9 米 / 秒，彰武县域年均扬沙天气由 40 天减少到 18 天。按照辽宁省气象局提供的卫星和气象数据资料分析，2018 年以来，沈阳市大气降尘量呈下降趋势，下降幅度 8.6%，可见彰武治沙对减少沈阳大气降尘量发挥了明显作用。

县委、县政府每年针对生态建设都要专门召开一系列会议，算是彰武独有的"特色"。而彰武生态建设伴随着彰武治沙精神的话题，对于彰武县城乡各级干部、群众来讲，早已入脑入心，甚至融入了血脉，每个人都能讲出自己的体会，讲出自己身边的故事……

历经几代治沙人的默默奉献，铸就了彰武治沙精神——矢志不移、永不退缩、默默无闻、甘于奉献。其实它已经深深印在我们每个人的脑海里，也早已经被我们熟记于心。现在它已然是一种精神，定会千古流芳，万代传承。

曾几何时，生态是彰武人民最深的痛点。今日的彰武大地，正在世人面前幻化出一幅山青、水秀、美丽、宜居，令人心驰神往的七彩画卷。

61 照片里的大德情缘

符宏松　彰武县政协委员

阜新市彰武县大德镇，一个曾经被称为"兔子都不去拉屎的破地方"，全镇一半以上土地沙化，黄沙漫天，十年九旱，是县内土地最贫瘠的乡镇之一。当地村民长期以来在沙化土地上艰难刨食生存。近年来，随着深入实施生态建设战略，整体环境发生了天翻地覆的变化，实现了从昔日荒凉不毛地，到今朝旅游打卡地的华丽转变。

一、初听、好奇，初见、无奇

2012 年，刚到彰武工作时，就听说过大德乡，在别人口中，它有着多种形象。有的人说它是全县最穷的一个乡，穷中最穷、苦中最苦的一个地方，水少沙子多，镇政府大楼破破烂烂，干部经常开不出工资；有的人说它是全县最出名的一个乡，1955 年毛泽东主席在《中国农村社会主义高潮》一书中，对彰武县第三区（大德镇）"三合一网"经验挥笔写下了246 字的按语。当时，我心里在想，大德会是个什么样的地方，有机会一定要去看看。后来，因为工作需要，曾到过大德镇里几次，感觉好像和其他乡镇没什么区别，平平淡淡、普普通通的北方小镇，宁静慵懒、干净整洁。

二、登山、好难，登顶、好好

2018 年 4 月 3 日，市县组织到大德镇开展春季植树造林工作，我作为工作人员陪同。大巴车距离山脚还很远时，镇政府的同志说，前面都是沙地，只有拖拉机能走，大家只能步行。走着走着，一群年轻人从最初下车时的神采飞扬、滔滔不绝慢慢变成了灰头土脸、沉默寡言，人群也由整齐划一逐渐分成了前、中、后三个梯队。走在登山的路上，随地可以捡到一些散落的花生，镇里同志讲到，这都是老百姓收完花生漏下来的。这沙地除了种花生什么都种不了，但种花生是越种地越荒、越荒收成越少、产的越少越得种的多，好像陷入了死循环。随着逐渐登顶，望着这广袤大地，脑海中想到了那句"广阔天地，大有作为"。登到山顶后，大家又重新焕发了活力，一个个干劲十足，很快完成了植树任务。看着各分担区一面面迎风招展的红旗，心中不禁升起脚踏银沙转日月、物阜民丰显德功的豪情。

三、再闻、喜悦，再见、欢欣

2018 年 10 月 22 日至 24 日，时任辽宁省政协主席的夏德仁亲自安排对彰武草原生态恢复工程进行专题调研,为破解彰武"生态困局"把脉定向。近年来,全县干部群众持续走进沙漠、荒山,开始了大规模的植树造林。开发建设德力格尔草原风景区,将荒山野岭变成了一片水草丰美、景色宜人的国家 3A 级风景区;又推动打造半拉山、德阁山等系列景点,有力地促进了经济发展。 时至今日,大德镇的植被盖度由不足 20% 提高到 70%,流动、半流动沙丘初步固定,设施农业、庭院种植业、草食畜牧业、草原旅游业成为主导产业,走出了一条符合定位、体现特色,以生态优先、绿色发展为导向的高质量发展新路子。

在辽阳灯塔市，葛西河生态走廊宛如一条五彩缤纷的丝带，从城南蜿蜒流过，花红柳绿、百鸟成群。在占地135万平方米的景区内，星罗棋布着"一台""一柱""两湖""三园""五场""八桥""十一庭院"等景观，一年四季，无数市民和游客在这里踏青、赏花、健身、滑冰，是灯塔市名副其实的后花园和健身场。

然而，十多年前，这里只是一条像龙须沟一样的污水沟，周边大量工厂向河里排放工业废水，河水浑浊、气味刺鼻、蚊蝇满天，附近居民苦不堪言。2010年开始，灯塔市委市政府为加强生态环境保护与修复，举全市之力大力建设葛西河生态走廊，历时4年竣工。景区突出亲水近湖特色，既是生态绿色长廊，又是历史文化长廊、休闲健身长廊，为市民提供了高质量生态空间，满足了市民对开放型生态环境的需求。2015年，葛西河生态走廊被评为国家AAA级景区。

生态文明建设永远在路上。近年来，灯塔市委市政府始终对葛西河生态走廊建设不存交卷心态，握紧生态文明建设接力棒。为践行统筹推进山水林田湖草沙一体化保护和修复工作，按照上级部署，开展矿山、水、湿地生态修复等一体化保护和修复工作，葛西河由此变得更加清澈、美丽。2023年11月，投资2100余万元的葛西河三期老河道生态修复治理工程竣工。该工程位于葛西河北支和葛西河南支交汇处，通过修建3处气盾坝和生态护岸、岸坡绿化等工程，完成河道治理总长度2700余米，护岸修复长度2800余米，进一步提升葛西河小流域水源涵养功能，改善整体水生态环境。2024年，灯塔市委市政府已将葛西河四期老河道生态修复治理工程列入工作计划，项目投资金额1100万元，河道治理总长度2000余米，生态护岸总长3800余米，葛西河两岸的四层生态框防护让区域生态环境得到全面提升。目前，葛西河三期上游段生态修复工程和葛西河南支生态修复工程两个项目已通过现场踏勘调研论证，相信不远的未来，"葛西河"三字不再只是灯塔城区居民所描述的870米长的葛西河生态走廊，而是灯塔城乡居民共同形容的一条32千米长的生态画卷。

站在初春的葛西河畔，清晨的阳光透过稀薄的云层，照射在那刚刚泛绿的小草上，它们似乎在与世界轻声低语，诉说着今天的来之不易。我感叹大自然的勃勃生机，更感叹来自人民的磅礴伟力。曾经那些臭不可闻的污水，如今已是鱼翔浅底；曾经光秃秃的河岸，如今每天都是群鸟嬉戏。游客们看到景色会感受到大自然的恩赐，而灯塔市民会清晰记得多年来政府的不断投入和工人们的挥汗如雨。在这片生机盎然的画面中，每一片叶、每一朵花、

每一声鸟鸣都在诉说着一个关于奋斗、希望和未来的故事。它们不仅是自然的恩赐，更是灯塔市持续谱写新时代人与自然和谐共生新篇章的美丽注解。

"山水资源、人文景观丰富是最大的金山银山，只要深入挖掘、有效利用、全域统筹，必将为振兴发展注入新的活力。"中共灯塔市委七届八次全会报告中，将用好生态资源优势，繁荣文旅产业作为打造现代产业发展体系的重要抓手。展望未来，葛西河的故事还将继续，随着经济的发展、科技的进步和人民环保意识的提高，我们相信，中华大地将会焕发更加灿烂的光彩。而那些曾经的"龙须沟"，只能存在于人们的记忆中和书籍里。

凡是过往，皆为序章。葛西河生态走廊建设只是灯塔市牢固树立生产生活生态共融理念，全力打造生态宜居家园的一个小小的缩影。当前，灯塔市正以"答卷人"的姿态奋笔疾书，以"追梦人"的步态努力奔跑，生态文明壮美远景长卷行则必至。

63 辽阳 我美丽的家乡

柳会杰 辽阳市宏伟区政协委员

我爱好摄影 15 年，2012 年开始接触航拍摄影，以高空视角记录我的家乡辽阳的美丽瞬间。

辽阳龙石风景旅游区位于辽宁省辽阳市东南部宏伟区境内，北距省会沈阳 60 千米。龙石风景旅游区由龙鼎山和石洞沟两部分组成，规划面积 20.3 平方千米。

龙石风景旅游区的规划建设，充分依托丰富的森林资源和独特的地理山石风貌，将关东辽阳厚重的历史文化古韵与现代天地人和谐发展的科学理念有机结合，融自然生态与人文景观于一体，经基础设施的全面配套，重点景观的精心打造，已经成为旅游观光、运动康体、休闲娱乐多种功能兼备的国家 AAAA 级风景旅游区。这里生态环境优质，绿树成荫，青山绿水，鸟语花香。在清晨云雾缭绕时，从航拍的视角看这里的风景，一切美丽和神奇的景象都若隐若现，心中感叹自然的鬼斧神工。

这是我航拍的龙石景区及宏伟区城区全貌，随着摄像机在空中向前飞翔，一幅大自然的画卷就这样向我们展开，进入我们的视野。绝美的航拍画面，让我们重新发现并审视我们所居住的城市，是如此的美好。

汤河水库湿地位于辽宁东部山区，系由在辽阳市境内的太子河主要支流——汤河截流蓄水形成的人工湿地，水库水质常年保持在国家标准 Ⅱ 类以上，现为辽阳市及鞍山市的重要饮用水水源地。汤河水库湿地周边已建立金宝湾市级自然保护区，区内森林植被保存较为完整，生态环境优良，每年有数量可观的苍鹭、白鹭等大型涉禽栖息繁殖。

这是在雨后航拍的汤河部分地貌，大片的植被让蜿蜒的小路分割成一块块绿洲，在雾气弥漫中若隐若现，仿佛误入了仙境一般。

每年的 3 月至 10 月，苍鹭会前往汤河的瓦子沟村筑巢繁衍后代，然后再迁徙到世界各地越冬。汤河良好的生态环境已经吸引了大量的苍鹭来此生活，从最初的上百只到现在的上千只，苍鹭已经成为汤河湿地的标志性鸟类之一。

燕州城，为 5 世纪初高句丽占据辽东城（今辽阳）后所建的军事城堡，原名"白岩城"，辽宁省省级保护文物，2013 年被国务院批准成为国家级文物保护单位，是辽宁省内保存完好的古代高句丽山城，是 1500 年前高句丽民族勇敢、智慧和富于进取精神的象征。

燕州城呈不规则方形，周长 2500 米，地势险要，是古代兵家必争之地，在当代却成了摄影爱好者的理想拍摄地。当云雾来临的时候，很多摄影爱好者，尤其喜欢航拍的飞友们，都会抓住机会，在有云雾的时候早早蹲守在燕州城下，俯瞰云下的世界，群山连绵起伏，生态丰富，气势宏伟，每一处风情都值得用镜头记录。

12 年的航拍，我记录了大量的家乡美景，也重新爱上了我们的城市。航拍时，辽阔的视野及美景给我留下深刻印象。在高空中，犹如置身于另一个世界，角度与场景全然不同。领略了这里的一朝一暮、一草一木的四季变化，视角的不同，美丽呈现的方式也不同，它带给我们的是一种极富艺术感的视觉冲击，却又与自然、人文完美共存，让我陶醉其中。

64 山姿水色独一处　岸绿景美醉汤河

蔡志国　辽阳市政协委员

坐落于辽宁省辽阳市太子河支流之上的国家大（Ⅱ）型水利枢纽工程——汤河水库，是辽阳、鞍山两市的重要水源地。水库总控制面积 1228 平方千米，是一座以防洪、工业及城市生活供水为主，兼顾灌溉、养鱼、发电等综合利用的水利枢纽工程。半个世纪以来，汤河水滋养了几代辽阳、鞍山市民，为两市地区经济稳步增长和民生发展，提供了强有力的水资源支持和保障。

春

春，如期而至。经过了一个冬天的冰封，汤河水库终于按捺不住她的雀跃，在某个春日的清晨，破冰而出。荡漾、碧色、清爽的汤河水，伴着一抹绿意，也一并唤醒了春的眉眼。汤河鱼在水中畅快地游着，清澈的汤河水泛着灿灿光芒，预示着新一年的丰收与喜悦。

夏

夏，生机勃勃。一望无际的汤河水，呈现出前所未有的活跃。此时的汤河水库更成了苍鹭的天堂，上千只苍鹭齐聚在这里筑巢繁衍，成了候鸟的栖居地。

汤河水库秉承"聚点滴价值，润百业万家"的企业使命，以"绿水青山就是金山银山"的发展理念，探索饮用水水源地保护工作新方法，开辟生态环境治理新路径，投资建设水库坝下隔离防护网、设立宣传警示标牌、成立清漂打捞队，努力实现"河畅、水清、岸绿、景美"的目标。现在的汤河水库，以独特的山姿、水色、珍禽、奇松及水库大坝、发电站等，构成一幅奇妙的山水图。

秋

秋，叠翠鎏金。金黄色的树木，深蓝色的汤河水，蔚蓝色的天空。此时的汤河水库，峰峦峭壁，映水倒悬。经历了夏天的活脱跳跃，秋的稳重与厚实在汤河水库的成熟气质中，更显淋漓尽致。汤河水库作为国家级水利风景区，拥有得天独厚的自然山水和人文历史资源。汤河之美，美在山与水相映，美在人与景交融。而这美，是一代又一代汤河人的智慧和心血。汤河水库自兴建期起，至今已有 50 余载。50 多年来，一代代汤河人用坚定的信念、执着的精神，用青春和汗水守护着这片水源。进入新时代，汤河水库把生态文明建设放在优先位置，走出一条保护生态、发展经济、惠及民生的可持续发展之路。

冬

冬，冰封涧肃。历经了三季后，汤河水库归于平静，冰封的河水、凛冽的寒风、素白的山丘……雪后的地面，留下了巡库人孤独又坚定的脚印。 2023 年，辽阳市实施颁布了《辽阳市汤河水库饮用水水源保护条例》，为辽阳市饮用水水源的监督管理工作提供了有力支撑。保护好汤河水，是辽阳、鞍山两市人民建成小康社会的底色，更是在辽阳市委、市政府的正确领导下，在市人大、市政协的大力支持下，坚定不移走"绿水青山就是金山银山"的绿色发展之路的底气。这里是生态优美的汤河水库，一个林木葱郁、碧波粼粼的水源保护区！一座高标准的生态水利枢纽工程！一处水清、岸绿、景美的幸福河湖！

65　守护亦静亦动双河　共建生态美丽家园

杨　松　辽阳市政协委员

2024 年 3 月 26 日至 29 日,《山河春色·太子河畔》四集纪录片在中央广播电视总台科教频道《地理·中国》栏目播出。

辽阳是中国东北地区最早出现的城市,历史可以追溯到春秋战国时期,燕国在此设辽东郡,郡治襄平,这是"襄平"这个名字在历史舞台的首次亮相。1621 年,努尔哈赤将后金都城迁于此地,后迁至沈阳,故"先有辽阳,后有沈阳"之说,有着确凿的历史依据。

古都辽阳在 2300 多年的历史长河中,有叱咤风云的历史人物及神奇的历史传说,有形制丰富的汉魏墓葬群及栩栩如生的壁画墓,有谜题未解的江官窑遗址,价值非凡的青铜遗址,意义重大的襄平遗址,不同寻常的高句丽遗址,造型独特的陪都城遗址,这些遗址、遗迹都是辽阳悠久历史文化的见证。这里很多自然和人文景观都坐落在辽阳双河自然保护区内。

近年来,我市通过让自然遗产"静"下来,文化遗产"动"起来,逐渐呈现出双河保护区的生态之美。

文化遗产保护文化多样性,自然遗产保护生物多样性,人类社会构建基于生物多样性,成就文化多样性,两个多样性互有联系,保护也都是人的主动作为,但在具体做法上还要注意各自的特点。

自然遗产是自然的涌流展现,发生发展完全不依赖于人。虽然也叫"遗产",但一直是"活态"存在的。如自然生态系统、野生动植物,不仅是有生命的,有的还如河流生态系统一样流动,有的和人一样有喜怒哀乐,也如野生动物走动四方。自然遗产之所以有保护问题,起因于人和自然的过度接触,人类活动足迹超越了自然可以自我循环的地域限度,过度开发破坏使自然失去了自我疗伤恢复平衡的能力。所以,相比文化遗产的活起来,自然遗产只有静下来,自然力不受干扰,自然规律不被打破,保障自然能够按照自己的方式运行发展,自然的活态存在就不仅在当下,也有未来。

双河自然保护区属森林、野生动物类型自然保护区。这里森林茂密,水域面积大,自然景观优美,生物资源丰富。是集森林生态系统保护、生物多样性保护、科研宣教、生态旅游的综合性自然保护区。双河地区属暖温带大陆性季风气候区,地貌类型区划上属于辽东半

岛北部，是我国长白、华北、内蒙古三大植物区系的交汇地带，地带性植被包括温带针叶林、温带落叶灌丛以及温带草丛区，区域内落叶灌丛广泛分布。区内共有高等植物3门95科507种，其中蕨类植物13科19种，裸子植物3科16种，被子植物79科467种。保护区内分布有国家二级保护野生植物4种（野大豆、黄檗、红松、水曲柳）。动物区系复杂，属于东北、华北、内蒙古三大动物区系的交汇地带。区域内的动物多为小型个体，常见的兽类为狍子、狐狸、山猫、黄鼬、山兔等，禽类常见的有环颈雉、啄木鸟、布谷鸟、沼泽山雀、翠鸟、黄鹂、云雀等180余种。

文化遗产要"动"起来，"活"在当下。因为文化遗产是人为的，也是为人的，无论传承还是发展都是人的活动，也就进入了人的生活，否则都是"死物"。非物质文化遗产更是口手相传，没有传承人，不能进入现实生活，慢慢就失传灭绝了。所以文化遗产的传承保护必须和现实生活紧密结合起来，许多展示展览、舞台艺术、手工制作等，都在做这项工作。要活起来、活好，群众喜闻乐见，就必须走进生活、适应生活。

双河地区文化遗产资源丰富，具有代表性的有燕州城遗址、江官屯窑址、二郎神庙等。其中，位于西北部西大窑镇官屯村内的燕州城遗址，是国家级文物保护单位，是辽宁省内唯一保存完好的古代高句丽城垣；有上千年的历史江官屯窑址是中国北方重要的古窑址之一；位于西南部寒岭镇栗子园村内的二郎神庙是远近闻名的道教文化场所。辽阳这片地区古时的生产技术，经济模式，包括生活方式和文化艺术等方面都较为发达。

文化遗产来自人的创造，主人是"人"。文化遗产"动起来"，活在人们心中，活在日常生活，活在国家发展中，是最好的保护。自然遗产不是人的创造，人不是自然的主人。自然遗产"静下来"，静到不受人的影响，回到以自然模式演化发展，也是最好的保护。只有做到动与静的有机结合，才能建设好我们心中最美的生态家园。

康殿尧　辽阳市政协委员

漫步在古城辽阳，东北之韵扑面而来。古老的街巷间，似乎还回荡着历史的马蹄声。太子河水，自山地间奔腾而下，犹如一条巨龙，在辽阳大地上驰骋。河水如诗，如歌，流淌在古城与田野之间，讲述着千年的故事。而在这古城之中，却藏有一处人间仙境——金宝湾自然保护区。

这是一个充满生机与活力的生态绿洲，正在向我们展示着人与自然和谐共生的美好画卷。仅仅提及这个名字，便足以令人心驰神往。这里有绿水青山，有鸟语花香，有生命的欢歌。夏日里，绿树成荫，花香四溢，鸟儿在枝头欢唱，仿佛诉说着大自然的和谐与美好。在这里，人们秉持着"向绿而行，向新而生"的理念，共同守护着这片珍贵的自然遗产。

走进金宝湾，仿佛置身于世外桃源。曾经这里，也面临着环境破坏、生态失衡的困境。工业化的脚步、城市的喧嚣，无不在侵蚀着这片原本纯净的土地，使这片宁静而美丽的生态家园面临着各种威胁。幸而，在市、县政府的大力整治下，金宝湾又逐渐焕发出新的生机。现如今，森林茂密，植被丰富，珍稀植物和野生动物种类繁多，成为众多野生动植物的乐园。参天古木，遮天蔽日，林中鸟鸣声声，时而清脆悦耳，时而悠扬婉转。林间小道，曲径通幽，每一步都仿佛踏在历史的印记上，让人感受到大自然的神奇魅力和生命的顽强力量。那些自由自在的野生动物，在这片土地上尽情地奔跑、嬉戏，构成了一幅和谐共生的生态画卷。而那些繁茂的植被，更是大自然的馈赠，它们默默地守护着这片土地，为我们提供了一个清新的呼吸空间。在这里，生命得以自由绽放，大自然的韵律与生命的旋律交织在一起，共同演绎着生命的传奇。

当清晨的第一缕阳光洒向金宝湾，整个保护区便沐浴在金色的光芒之中。山林间，鸟鸣声声入耳，清脆悦耳，如同天籁之音。清澈的溪水从山间潺潺流下，带着丝丝凉意，抚过每一寸土地。漫步在金宝湾的林间小径上，仿佛置身于一个天然的氧吧，让人心旷神怡。每当夜幕降临，金宝湾便披上了一层神秘的面纱。星空璀璨，银河倒挂，仿佛置身于一个梦幻的世界。此时的金宝湾，更显宁静与祥和，让人心生欢喜与向往。

金宝湾自然保护区，这片璀璨的明珠，不仅以其自然之美吸引着无数人的目光，更以其深沉的智慧启迪着我们的心灵。金宝湾如同一本厚重的教科书，无声地教导我们如何尊重自然、顺应自然、保护自然。而在这片土地上生活的人们也在用自己的方式守护这片生态家园。它让我们深刻理解，只有与大自然和谐共生，人类社会才能走向可持续发展的康庄大道。因此，我们更需要倍加珍惜金宝湾，全力以赴地保护金宝湾。

风劲潮涌向"新"而生，奋楫扬帆向"绿"而行。在这新的征程上，辽阳金宝湾自然保护区如同一位守护者，坚守着自然与生命的和谐乐章。我们深知，保护金宝湾不仅是守护一片绿水青山，更是守护我们共同的家园和未来。因此，我们要以更加坚定的决心，更加有力的行动，以"人人参与、共建共享"环保理念为保护区的生态发展注入源源不断的动力，形成在保护中开发，在开发中保护，促进良性循环，推动金宝湾自然保护区的可持续发展。

绿水青山，胜却金山银山，金宝湾的景致，便是辽阳人民心中的那抹翠绿，那份对自然的敬畏与信仰。让我们手挽手，肩并肩，共同守护这片绿意盎然的家园，为金宝湾绘就一个更加绚丽的明天。时光荏苒，金宝湾自然保护区的故事仍在继续。我们将怀揣着满腔的热情，踏实的步伐，守护着这片绿水青山，让金宝湾的明天更加璀璨夺目。愿我们携手前行，将金宝湾这片人间仙境的绿意，永远镌刻在心河之畔，成为我们世代相传的绿色灵魂。让金宝湾的传奇，如同那绵延不绝的绿水青山，永远在辽阳的大地上传颂。愿这份绿色的记忆，如同璀璨的星辰，照亮我们子孙后代前行的道路，引领他们走向更加美好的未来。

春华秋实，万物竞生，千年古城，旖旎多姿。辽阳，这座位于辽宁省中部的国家历史文化名城、国家森林城市是东北地区建成最早的城市，拥有丰富的自然资源和人文景观，享有东北第一城的美誉。即使穿越了 2300 多年的岁月风烟，古城辽阳依然风姿绰约、枝叶扶苏、熏风解愠。在这片热土上，历史文脉涵养了它的魂，葳蕤草木成就了它的韵，每一个角落都闪耀着独特的光芒，诉说着属于这座城市的传说。

古人逐水而居，万物因水而生。穿城而过的护城河从历史洪流中奔腾而来，见证了无数历史沧桑和岁月变迁，它是这片土地的生命之源，哺育着一代代辽阳儿女，生生不息，悠悠数载连接着城市的过去与未来。随着工业化、城市化进程的快速发展，这条辽阳人心中引以为傲的母亲河生态环境在现代化的进程中也曾遭遇严重破坏，一度成为烂泥塘，水体失去自我修复能力，生态环境亮起了红灯。面对已经失去活力的护城河，辽阳市委市政府采取硬核举措，护城河改造工程马不停蹄开始实施。清淤泥，建护栏，植树木，种道花草，建楼台亭阁，修曲径走廊，搭建桥梁。

经过几年的生态实践，疏通护城河水十多千米，河岸两面绿化面积达 7.4 万多平方米。建设者经过多年的努力，曾经千疮百孔的护城河如今成为人与自然和谐共生的一道清渠，人居环境得到极大改善。改造后的护城河，成了辽阳古城历史文化的展示带、城市绿色生态的保护带和旅游观光的风景带。正是这条流淌着的护城河水，让古城显得生动玲珑，充满灵气。蜿蜒曲折的古老河道串联着历史遗存碎片，赓续着古城文脉，一派天蓝、水清、地绿的城市面貌已徐徐展开。

驰而不息，只此青绿，生态文明建设关系人民福祉，关乎民族未来。护城河旧貌换新颜凸显了绿水青山就是金山银山的科学内涵与深远意义。快马再加鞭，矢志向绿行，为积极响应国家生态文明建设的号召，辽阳市绿色生态版图不断扩展，全方位、全地域、全过程强化生态文明建设，全力绘就润山净水生态画卷彰显生态之美。举全力打造的太子河历史文化风光带及太子岛生态长廊展现出辽阳生态文明建设的丰硕成果。

经过几年的精心策划和建设，现如今景区道路两侧花开似锦，小河流水潺潺，水中荷花亭亭玉立，美景如画，吸引了众多市民休闲观光，真正成为城市的后花园。一步一美景，四季皆画卷。春天，万物复苏，桃花、梨花、杏花竞相绽放，游人如织，欢声笑语回荡在林间；夏天，绿树成荫，蝉鸣声声，人们在这里乘凉避暑，感受一丝丝凉意；秋天，层林尽染，硕果累累，市民在这里采摘果实，体验丰收的喜悦；冬天，白雪皑皑，雾凇奇景美不胜收。

山水相依，美美与共。辽阳生态文明建设卓有成效，实现了开窗见绿、推门见景的责任和承诺，国家森林城市实至名归。古城遗迹所展示出的绿色生态文化同样为这座城的绿色发展增添浓墨重彩的一笔。燕州城遗址距今 1600 多年，是辽宁省唯一保存完好的高句丽城池之一，它依山而建，地势险要，森严壮观。南面为陡崖峭壁，是天然的御敌屏障。崖下太子河水依壁而过，气势逼人。这里是高句丽王朝的军事堡垒，唐太宗李世民曾亲征于此。即使只余断壁残垣，似乎依然能够感受到当年战场上的金戈铁马、奋力守城、浴血厮杀，彰显出历史的凝重与积淀。这里既有山水秀丽、风光旖旎的奇特自然景观，又有弥漫着古战场硝烟的历史传说，历史与自然的奇妙交织凝聚着祖先们的智慧、力量和情感，承载着辽阳兼容并蓄的气度与韵味。

人不负青山，青山定不负人。朗朗晴空，徐徐清风，守住青山不放松，护好绿水不辞难，让我们一起树立生态文明理念，弘扬生态文明价值观，让家乡的山更绿，水更清，让生态环境永葆生机，成为中华民族生生不息、永续发展的重要支撑。

68　壮美辽河口　殷殷故乡情

王宝珍　台盟辽宁省委会参政议政部部长

我的家乡是渤海明珠——盘锦，它坐落于辽河三角洲中心地带，位于祖国雄鸡报晓的咽喉处，是鹤乡、油城，辽河油田总部所在地，它缘油而建、因油而兴，也是风光秀美的生态之城。它地势平坦，多水无山，是中国最北海岸线。20 世纪 70 年代，父亲作为知青来到当地拓荒垦殖，筚路蓝缕，父辈们把一片泽国的"南大荒"建成富饶的"南大仓"。1984 年设立盘锦市时，我即将进入小学，可以说我是伴着这座新兴的石油化工城一起成长，直到我读大学才离开家乡，至今念兹在兹的仍是对家乡的无限怀念。

国家级自然保护区辽河口湿地是一个以保护丹顶鹤、黑嘴鸥等珍稀水禽及滨海湿地生态系统为主的湿地类型自然保护区。保护区总面积 80000 公顷，区内分布各类野生动物 494 种，仅鸟类就有 321 种，包括丹顶鹤、白鹤等国家一级保护动物 25 种，灰鹤、大天鹅等国家二级保护动物 55 种。辽河入海口处的广阔滩涂处于全球八大鸟类迁徙路线之一的东亚——西太平洋迁飞路线上，是多种鹬类的重要驿站，也是我国鸟类三大迁飞路线的东线，每年有近百万只水鸟于此迁徙停歇或繁殖，是丹顶鹤南北迁徙的重要停歇地，入海口处还是"海上大熊猫"斑海豹国内唯一繁殖地。

2022 年，我国宣布把约 1100 万公顷湿地纳入国家公园体系，重点建设黄河口、辽河口、若尔盖等湿地类型国家公园。辽宁辽河口国家公园整合了辽宁辽河口国家级自然保护区、辽宁盘锦辽河口省级自然保护区、辽宁盘锦辽河国家湿地公园等 8 个自然保护地，保护范围比原有的保护体系更大，保护等级更高，力图打造珍稀野生动物乐园。

一望无际的"红地毯"形成天下奇景。渤海之滨的碱地滩涂上百草不生，唯有一种碱蓬草能够存活下来。秋风一起，大片的碱蓬草开始变红，如烈火一样在滩涂上蔓延。在红海滩旁，有一块全球最大的芦苇湿地。红滩、绿苇、金稻、碧海、蓝天，大自然用神奇的画笔绘制出美不胜收的画面。翅碱蓬非常矮小，但是数以亿万计的翅碱蓬肩挨肩、手拉手，密密麻麻挤在一起汇成恣意狂野的红色"海洋"，蔓延至遥远的天际，蔚为壮观。鲜嫩的翅碱蓬还可食用，当下崇尚绿色与健康的人们用翅碱蓬包包子或饺子，让人清新回味。

自然保护区是野生动物的天堂。每年 3—5 月，数以千万计的候鸟南飞，天空鸟阵如云，茫茫海滩上，浩浩苇荡间，鸥雁合唱，鹭飞鹤翔，好不热闹。沼泽里的小鱼、小虾、小虫等动物，构成了与鸟类相依存的生物链。鹤乃"湿地之神"，丹顶鹤一旦婚配，相互忠贞不渝、形影不离、偕老至终。《诗经》曰："鹤鸣于九皋，声闻于天。"三五成群的丹顶鹤在芦苇深处筑巢，闲庭信步，莺歌曼舞，自由翱翔，便引诗情到碧霄。其曼妙的身姿、超脱的丽影，仙风道骨的姿态，超然脱俗的气质让人赞不绝口、心向往之。红海滩也是濒危物种黑嘴鸥在全球仅有的少数几处重要繁殖地之一，是名副其实的"黑嘴鸥之乡"。斑海豹憨态可掬，是唯一能在我国海域自然繁殖的鳍足类海洋哺乳动物，辽河口自然保护区是全球 8 个斑海豹繁殖区中最南端的一个，为我国的海洋生态系统和海洋哺乳动物研究提供了极为宝贵的资源。

用心用情守护"地球之肾"。湿地生态系统被称为"地球之肾"。中国可利用淡水资源总量的 96% 都存在于湿地。占全球陆地面积 6% 的湿地，为地球上 20% 的已知物种提供了生存环境，因此湿地也被称为"物种基因库"。让我们每个人种下守护的种子，尊重和敬畏自然，保护改善湿地资源，精心呵护地球母亲。在"双碳目标"引领下，盘锦市正加快推动产业结构优化升级，向生态型城市转型。世界上最大的苇海，神奇炫目的红海滩，云飞鹤翔的湿地沼泽，辽河油田高耸的井架和海上钻井平台，远处蔚蓝的天空下，涌动着金色的麦浪，就在那里曾是我们深爱过的地方。

唐朝诗人沈佺期到辽宁写下了《关山月》一诗："汉月生辽海，朦胧出半晖……将军听晓角，战马欲南归。"辽海大地，春潮涌动，百舸争流，辽宁全面振兴的号角峥嵘，旌旗猎猎，让我们奋勇争先、积极投身于壮美的新时代。

69 走进大自然，感受铁岭湿地之美

王 超 铁岭市政协委员

我是铁岭市政协经济委委员、民建铁岭市委会秘书长王超，我所讲述的是铁岭莲花湖国家湿地公园的故事。

湿地被誉为"地球之肾"，是地球上具有多种独特功能的生态系统。近年来，铁岭市以修复退化湿地面积为重点，修复湿地面积 319 公顷，完成土石方 30 万立方米，栽植植物 1090 万株，连通水系 3 千米，河道清淤土方 9.86 万立方米。铁岭莲花湖湿地作为中国第六个、北方第一个国家湿地公园，位于铁岭新城与老城之间，总面积为 2442.4 公顷，是在辽河、柴河、凡河交汇处自然形成的湿带洪泛平原沼泽湿地，是东北湿地的一部分。莲花湖湿地为各种观赏鸟类提供了自然栖息地，对当地自然环境和生态环境起着重要作用，被誉为"中国北方莲城"，有"生命的摇篮""鸟类的天堂"等美誉。

铁岭莲花湿地是一座巨大的花园，这里有美丽的大自然，广阔的湖面、变化无穷的天空，莲花湖中的睡莲静静地躺在湖面上，游客漫步在湖边，仿佛置身莫奈的画中，尽情感受充满活力，温柔宁静的景色。

铁岭莲花湖湿地公园生态资源丰富，现有芦苇、香蒲、菖蒲等植物 237 种。莲花湖湿地公园还是我国重要鸟类迁徙通道上的"驿站"，因地处我国境内东北亚——澳大利亚鸟类迁徙路线上，每年大约有 68 种涉禽约 800 万只鸟类迁徙，也是丹顶鹤等一些国家重点保护鸟类的潜在停歇地。湿地公园内有黑水鸡、须浮鸥、野鸭等鸟类 123 种，占辽宁省鸟类的 43.2%、东北地区鸟类的 36.2%、全国鸟类的 12.4%，其中，有国家一级保护鸟类 1 种——东方白鹳，国家二级保护鸟类 9 种，包括大天鹅、鸳鸯、鸢、红脚隼等。

水是莲花湖的灵魂，湿地内 70% 的面积被水面覆盖。来到莲花湖湿地景区，你会被一片苇荡所包围。苇荡中分布着许多大小不一的湖泊，清澈的湖水倒映着碧绿的树林和蓝天白云，宛如一幅山水画卷。在湖面上，花脸鸭游弋着，潜水觅食，不时发出悦耳的鸣叫声，这是大自然最美的交响乐，也是我们对生命崇高的礼赞。

来到莲花湖湿地公园，你可以沉浸在大自然中，呼吸新鲜空气，聆听鸟鸣虫吟，感受湿地的生态之美。在美丽的湿地边搭建帐篷，你可以感受露营的乐趣，享受宁静的夜晚和璀璨的星空；你可以参加湿地生态导览，了解湿地的生态特征和重要性，增强环保意识。每逢盛夏来临，莲花湿地 30 多片荷塘的荷花次第开放、如霞似锦，荷叶层层叠叠、翠绿欲滴，暗香浮动的荷塘充满诗情画意，生命与自然的和谐画卷尽收眼底。快快去探索大自然给予的欢乐体验吧！

金　鑫　铁岭市清河区政协委员

在辽沈大地的怀抱中，清河水库犹如一颗璀璨的明珠，静静地守护着这片土地。我时常来到这里，倾听水源地保护的生态故事，感受人与自然和谐共生的美好画卷。

清河水库建成于 1958 年，位于辽河左侧中游支流——清河干流上，坝址在铁岭市清河区境内，是一座集防洪、工农业供水、城市供水、生态供水和养鱼等多功能于一体，多年调节的大（Ⅱ）型水利枢纽工程，控制流域面积 2376 平方千米。清河区水库是这片土地上的重要水源地，它承载着周边地区数百万人民的饮用水源的重要功能。随着城市化的快速发展，水源地保护面临着前所未有的挑战，农业污染、生活垃圾……这些问题如同利剑，悬在清河水库的头顶，随时可能威胁到这片水源地的水质安全。然而，清河人民并未被困境所困，他们深知，保护水源就是保护自己的生命线。于是，一场保护清河水库水源地的行动悄然展开。

在养马大屯村吴家沟自然屯有这样一位特殊的水源保护志愿者，他身残志坚，积极献身志愿者事业，他就是何泽鸿。当我初见何泽鸿时，行动不便的他非常热情，攀谈后才得知他自幼便患有肌肉萎缩症，这使得他的行动变得异常困难。但他并没有自暴自弃、怨天尤人，每天都会早早地起床，坚持步行 5 千米到水源地，手持垃圾袋，仔细地捡拾着沿途地面上的农药瓶等废弃物，一年他就捡拾了农药瓶达 5000 余只。何泽鸿用自己的行动诠释着保护生态环境的重要意义。

清河水库管理局有限责任公司职工丛凯，在 2021 年 7 月 22 日水库水源地保护志愿者团队组建后，主动担任起清河水库水源保护志愿者服务队队长这一职务，积极践行习近平总书记"绿水青山就是金山银山"的理念，多次组织开展水源保护活动。

2022 年正月初四, 丛凯在得知清河水库库区冰面聚集了大批游玩的群众后, 义无反顾地马上组织志愿者服务队队员冲到冰面对游玩的群众进行劝离, 去守护我们的水源地, 为的是守护群众的安全。出于保护家乡水源地的热情, 无论是严冬还是酷暑, 丛凯始终坚持水源地保护工作, 共组织志愿者参加水源地保护活动 580 余人次, 清理生活垃圾 100 余立方米, 以实际行动践行了保护生态环境的重要意义。

与此同时, 政协委员们积极发声, 呼吁全社会关注水源地保护, 经常深入调研, 了解污染源的分布情况, 提出了一系列切实可行的保护措施。政府部门加大了对违法行为的打击力度, 严厉处罚破坏水源地的行为, 同时加强对水源地周边环境的整治, 减少污染源的产生。

在清河人民的共同努力下, 清河水库的水源质量得到了显著改善——水质清澈透明, 鱼儿在水中自由游弋, 周围的生态环境也得到了有效恢复。如今, 水库周边绿树成荫, 鸟语花香, 成了一个生态宜居的美丽家园。每到节假日, 人们纷纷来到这里, 欣赏美丽的风景, 感受大自然的魅力, 在这里拍照留念, 分享着水源地保护的喜悦和成果。

多年来, 我们见证了清河水库水源地保护的艰辛与付出, 见证了人与自然和谐共生的美好愿景, 站在清河水库沿岸, 我们深感欣慰。这不仅仅是一个个生态故事, 更是关于责任、担当和未来的故事。让我们继续携手前行, 共同守护清河水库这片宝贵的水源地, 让哺育家乡儿女的清河永远绽放青春。

张宏伟　昌图县政协委员

今天我要讲一个大美辽河源的故事。

记忆中的小时候，天空格外的蓝，小草格外的绿，花儿格外的红，湖水格外的清。而不知从何时起，天空被黄沙所笼罩，湖水被垃圾所淹没，青山被庄稼所侵占……面对这样恶劣的生态环境，我们需要守护好绿水青山，与自然和谐共处。党的十八大以来，习近平总书记提出"绿水青山就是金山银山"的理念后，一幅幅美丽的风景画卷又重新呈现在人们的眼前。在保护大自然的同时，我们也享受到了大自然给予的馈赠，而在这些美丽的画卷中就有我家乡的一幅图——美丽辽河源。

辽河是辽宁人民的母亲河，她像一条天蓝的丝带，蜿蜒在广袤无垠的辽宁大地上。辽河有二源，东源称东辽河，西源称西辽河，两源在昌图县的福德店汇合，始称辽河。辽河源是东、西辽河的汇流处，辽河干流的起源，也叫辽河主干流零公里处。辽河源景区位于我的家乡

如今的辽河源
植被翠绿、
河水清澈、
空气清新、
百花齐放……

昌图县长发镇王子村福德店，这里的福德店有一个悠久的传说，百余年前，此地有个小屯子，仅八户人家，叫"丁家坨子"。屯旁有条驿站，行人络绎不绝，屯中有一个叫孙芝的人，就独具慧眼地开起了一家车马店，专供路人歇脚住宿，取名"福德店"，寓意聚福汇德。此后这里的人们络绎不绝，人口变多，经济也发展起来，"福德店"一名也因其美好的寓意保留至今。

走进福德店，听村民们说，曾经的辽河源树木枯亡、鱼儿难觅、河面狭窄、风沙漫天、污染严重。如今的它却变了，通过种绿植、修堤防、净水质，吸引了许多野生动物来栖息，这里的珍贵物种变多了；一条条小鱼儿在水中畅快地游来游去，这里的水变清了；夏日时节，辽河源道路两侧的花海吸引着游客游玩、驻足拍照，这里的游客变多了。怀揣着对自然美景的憧憬与向往，我走进了辽河源。映入眼帘的是一座观景台，观景台的一层是辽河展览馆，里面的一幅幅照片记录着辽河流域的璀璨文化和日新月异的变化，展厅内还陈列着狼、狐

狸、小鹿等动物的标本。从展馆出来，上至二楼观景台，可以
看到辽河宽阔的河面，河水碧波荡漾，天上的飞鸟在自由地飞翔，
还不时地低飞到河面上，好像在觅食捕鱼，又好像在与河水嬉戏。
不远处有一座蓝色浪花状的建筑，左面的浪花上写着西辽河、
右面写着东辽河，分别代表着辽河的两条支流。辽河源还有很
多美丽的景观，比如书写着辽河干流之源的巨石，那苍劲有力
的大字，仿佛诠释着辽河的奋勇向前，奔腾不息。

辽河源的改变离不开国家生态文明一系列政策的实施，离不开
我们职能部门的建设改造，更离不开家乡人民素质的提高，环
保意识的增强。推动生态文明建设，要尊重自然、保护自然、
热爱自然。大自然是可爱的，青山绿水让人们的生活变得赏心
悦目，同时也提高了人民的生活水平。辽河源景区的改变也让
大家看见了不一样的昌图，不一样的辽河源，不一样的昌图人。
自然是可敬的，山水林田让生命得以休养生息。生态建设没有
局外人，没有休止符。保护好大自然，才能遥望星空，看得见
青山，闻得见花香。

"日出江花红胜火，春来江水绿如蓝。"这是白居易眼中的美景；"一水护田将绿绕，两山排闼送青来。"这是王安石眼中的美景；"接天莲叶无穷碧，映日荷花别样红。"这是杨万里眼中的美景。我却尤为喜欢"西风横水自秋色，明月照汀分冷光。"这一描写辽河的诗句。而如今的辽河源植被翠绿、河水清澈、空气清新、百花齐放，身处其中让人心旷神怡。面对此番美景，我们更应该珍惜、爱护环境，保护好辽河源周围的生态环境，爱护我们的母亲河。

勿以善小而不为，勿以恶小而为之。保护环境，人人有责。从我做起，从小事做起：不乱扔垃圾、不浪费资源，不践踏花草，我们的家园就会更美，头顶的天空会更加蔚蓝，脚下的大地会绿草如茵，湖水会清澈明净，阳光会灿烂如金。辽河源的变化让我们意识到生态的重要性。守护好辽河之源，让我们家乡的名片走出昌图，走出辽宁，走向中国，创造出我们的"金山银山"。

72 建一座"天然氧吧"，欢迎您

刘昕阳　西丰县政协委员

我的家乡西丰县，是一座有着悠久历史文化的塞外小城。西汉时期游牧民族古墓群就位于县内乐善乡执中村的西岔沟，一期挖掘出土文物 13 850 件，其中不乏国家一级文物，这说明 2000 多年前这里已经成为活跃在塞外的游牧民族军事重地和贸易重地。城子山山城遗址坐落在西丰县凉泉镇境内，原为 1300 多年前扶余国所建，至今仍可见城墙、城门、水门、瞭望台、外围城等文物痕迹。1619 年，这里被清朝封禁为皇家"盛京围场"的一部分，留下过"逃鹿""神树"等诸多传说，以及延续至今的民俗文化和满族风情。

而这里，不仅仅有历史文化的沉淀加持，还由于自然气候的影响，一直拥有着独特而优越的自然生态条件——这里有覆盖率 99% 的辽北第一高峰冰砬山；有辽宁最低的极值气温（零下 43.4 摄氏度）；有全国最大的红豆杉森林公园；这里是国家级生态与保护示范区，是全国绿色食品基地县、绿化模范县，是国家可持续发展实验区，有辽宁最优的水质和最佳的空气质量，是辽宁省的重要水源地和中国东北地区重要的绿色生态屏障。

一脉山川水泽所赋予的灵性与个性，在这里表现得尤为突出。

缱绻风光自然离不开缱绻深情及行动——在生态文明建设的征程上，西丰人始终不曾停止追寻的脚步。

让青山更翠。近年来，西丰县累计投入资金 9500 万元，持续开展青山工程，形成"三 退一围一补"的西丰独有模式。共完成"小开荒"清退还林 4.19 万亩，退坡地还林 4.3 万亩，围栏封育 749 千米，补植、补造 4600 亩，栽植各类苗木 3300 万株；完成国土绿化面积 4.6 万亩，其中迹地更新 0.7 万亩，退化林分修复 0.5 万亩，封山育林 3 万亩，村屯绿化 0.2 万亩，河流绿化 0.18 万亩，道路绿化 200 亩；实施闭坑矿生态治理工程，累计投入资金 1791 万元，治理面积 597 亩；大力实施资源管护工程，封山禁牧，禁止牛羊上山，实行农村新能源改

造，全县完成封山育林 100 万亩；实施"一路一景"生态品牌公路工程，植树 28 771.3 千米，136 万株；栽花 7163 千米，25 046 万株，国省县路实现了绿化全覆盖。全县有林面积 230.55 万亩，森林覆盖率达 57.81%，远远超过了 24.02% 的全国平均森林覆盖率。

让碧水更清。西丰县全面落实河长制，深入开展整治河流污染专项行动，对县域内 14 条重点河流开展污染源治理和水质执法检查。通过碧水工程，西丰城市集中式水源地水质达标率 100%，境内主要河流——寇河松树断面出界水质达到 Ⅲ 类标准。近年来先后投入 2 亿元，建成了城区生活和工业污水处理厂及 3 个乡镇污水处理厂，实现了生活和工业污水集中处理、达标排放。投资 3570 万元的生活污水处理厂二期工程竣工投入使用，把城区的生活污水处理能力、出水水质标准都提高到可以作为回用水使用。同时，新建成农村饮水安全工程，让每一位农民都能吃上洁净的自来水。

让空气更"氧"。大力推动节能减排，帮助企业实施节能减排技术改造，重拳治理空气污染企业。开展净化空气工程，全面拆除燃煤小锅炉，在城市建成区取缔 10 吨及以下燃煤锅炉，几年间累计拆除小锅炉 38 台。如今，城区空气环境质量达到 2 级以上的天数年均 320 多天，连续 10 年未出现酸雨、粉尘污染、严重沙尘污染天气，第一个以县为单位整体通过国家绿色环评。2022 年度，在浙江省丽水市松阳县举办的第四届氧吧产业发展大会暨 2022 年度"中国天然氧吧"媒体推介会上，西丰县被正式授予"中国天然氧吧"荣誉称号。县域内的多个监测点负氧离子浓度年均值均超过国际旅游度假区一级标准和世界卫生组织界定的清新空气的标准（1000 ～ 1500 个 / 厘米^3），是名副其实的"天然氧吧"。

相信每一位来到西丰的朋友，都会沉醉于碧翠叠加的群山、清波荡漾的河水与绿树掩映的村庄之中。而最令人心旷神怡的，则是通过每一次的深呼吸，都会感受到与众不同的、饱含富氧离子的"绿色"空气……

73 天鹅南归　生态北票

毛子鉴　朝阳市政协委员

每一个春天，位于辽西的北票，总是怀着对天鹅的深深期盼迎来轻拂的暖风。十几年来，这期盼已经成为一种不能割舍的情愫。北票，因天鹅而更加美丽灵动，上万只白天鹅，每年不远万里，奔赴一场与北票的约会。

"每年3月，天鹅都会让我们家乡的湿地沸腾起来。这些天看到天鹅陆续飞走，真有些依依不舍。明年3月，期盼能看到更多美丽的精灵。"这是每一个生活在辽宁省朝阳北票市的居民共同的心里话。

北票候鸟翔集的春天，还得从2001年的初春说起。

2001年3月初的一个上午，几位摄影爱好者在白石水库大板镇库区域段一片野生芦苇丛中发现了一群"大鹅"。当时，大家都很纳闷："这么冷的天，谁家把大鹅放出来了？"没想到回家后经过仔细辨别才发现，这是天鹅。

此时，北票市野生动植物保护站也发现了天鹅的踪影。自辽宁省第三大水库白石水库2000年9月建成以来，随着库区面积不断扩大，周边湿地为鸟类的生存繁衍和迁徙栖息提供了得天独厚的条件，北票已经成为东亚——澳大利亚候鸟迁徙通道上的重要迁徙停歇和觅食地、东北地区最大的季节性水鸟栖息地，每年约有5万余只候鸟在此停歇。除了天鹅，还发现了国家一级重点保护候鸟黑鹳、东方白鹳、白鹤、丹顶鹤、大鸨以及国家二级重点保护候鸟大天鹅、灰鹤、白鹭、琵鹭、白额雁等。

不断改善的生态环境，是鸟儿愿意在此逗留的关键。2007年10月，北票市在白石水库湿地下府段建成了湿地监测站。2012年5月，白石水库湿地被列入辽宁省第一批重要湿地名录，并成立了野生动物保护站。打造人与鸟类亲近、人与自然和谐的优良环境，凉水河湿地公园无疑是其中浓墨重彩的一笔。昔日穿城而过、臭气熏天的凉水河，目前已经成为绵延十余千米的城区人工湿地，新增人工湿地260公顷，开创了辽西北半干旱地区重度污染河道治理的新模式。昔日又臭又脏的"黑水河"，如今已经成为鱼跃蛙鸣、草长莺飞的生态河道。不仅如此，凉水河湿地公园对北票生态环境的积极影响作用也日益显现。据介绍，潜坝的截流过滤、水生植物的吸附，沉淀了水中的悬浮物，降解了水中氨、氮等富营养成分，还有效调节了流量，确保湿地的用水需求。湿地生物的多样性也使这里成为鸟类、鱼类、

两栖动物繁殖、栖息、迁徙、越冬的场所。如今，凉水河湿地公园内包括人工栽培的植物共有 46 科 100 属 159 种，脊椎野生动物 4 纲 9 目 30 科 88 种。

"保护自然就是保护人类，建设自然就是造福人类"的观念已经深深植入每一个北票人的心里，每年"世界野生动植物日""爱鸟周"和"世界湿地日"等重要时段都有成群的志愿者集聚湖边，分片巡护，控制进出，减少人与迁徙候鸟的近距离接触，及时救助受困、体弱的野生动物。放眼望去，偌大的湿地水岸相依，庞大的天鹅群绵延数千米，成群的天鹅相拥相簇，悠闲漂游，嬉戏觅食。

凌河湾碧水清冷，有数百只天鹅在此越冬。沐暖阳天气，接山野之风。远听天鹅之鸣叫，近观鸟羽之婆娑。洗尽尘俗，亲近纯洁。仙子伴舞，快意人生。

74 "第二家乡"美如画 "三燕古都"展新颜——一个异乡人眼中的朝阳十年

王帅奇 朝阳市双塔区政协委员

时节不居，岁月如流。光阴温柔辗转，绕过指间，沁过心扉。不经意时回头细数，我已来到朝阳十年。十年间，朝阳这座小城，跟随时代步伐，用自己的姿态奋斗着，拼搏着；不着声息地发展着，变化着。她不是弄潮儿，也不是击节者，但她有激情、有智慧、有温度、有魅力，以秀水青山和文化底蕴，滋养着这片热土上的三燕儿女。十年前的初来乍到，十年后的此心安处，朝阳，已由他乡变家乡。

十年来，朝阳变得更加大气。刚到朝阳时，我觉得这里虽比县城繁华，但与其他城市比还有些差距。这些年，随着城市更新工作的深入推进——万达城市广场的引进开业、燕都新区的开发与崛起，中央公园、碧桂园、壹品人家等一批高端小区的建成以及黄河路公铁下交桥改造完成、坝上坝下路的开通、人民公园过街天桥的建成、长江路立交桥的加固、市政道路改造等一系列民心工程的实施，朝阳的城市框架、基础设施发生了翻天覆地的变化。可以说，现在的朝阳，城市发展格局日益优化，已经成为一个蓬勃发展的现代化城市。

十年来，朝阳变得更加靓丽。刚到朝阳时，市民休闲游玩多半只在大凌河沿岸和人民公园两个地方。这些年，随着朝阳以"留白留璞增绿"为目标开展的城市绿化工作的推进，城市面貌有了质的变化——文化公园、人民公园、凌河公园、滨河湿地公园等相继建设。特别是市政府搬迁到燕都新区以后，市委、市政府高瞻远瞩，不追求短期利益，本着"还绿于民"的初衷，将市委、市政府旧址就地改造建设成了高标准的公园，给市民增加了游玩地、打卡处。除此之外，街头巷边还增加了一批口袋公园，很多路口也建了一批观赏性、艺术性强的公益景观小品。可以说，现在的朝阳，出门皆绿，所见皆景，越来越美，越来越靓丽。

十年来，朝阳变得更加宜居。"人民城市人民建，建好城市为人民"。这些年朝阳持续下大力气治理城区段大凌河、什家子河，让一座城、一条河，变成了一个景区、一条生活长廊，呈现了苇草丛生、鹭鸟嬉戏，舞就了一幅美丽的生态画卷。除此之外，文明城市建设在朝阳也如火如荼地开展着：老旧小区的卫生环境提升，粉刷一新的墙壁映着幸福的笑颜；文明宣传深入人心，惠民春风滋润心田；营商环境持续做优，老百姓办事时更加便捷舒心。加之上述所提及的基础设施、城市管理、市政道路等方面的优化，朝阳人越来越感受到了这座城市的温度。现在的朝阳，居住品质不断提升，城市环境优美，宜居、宜业、宜游，三燕古都魅力无限。

朝阳，我的第二故乡，四季四景美如画。文人陶渊明所作的《四时》——"春水满四泽，夏云多奇峰。秋月扬明晖，冬岭秀孤松。"就是我此时心中的大美朝阳。漫漫奋斗十年路，如今再启新征程。现在的朝阳赓续着城市文脉，正乘着全国文明城市、国家森林城市、国家历史文化名城创建之机，全力打造颜值与实力并存、历史与现代交融魅力之城。我身在朝阳，我心爱朝阳，我为朝阳发展而奋斗，我向朝阳之外的您发出诚挚的邀请——美丽的朝阳欢迎您！

王秀艳　朝阳市双塔区政协委员

"凤凰鸣矣，于彼高冈；梧桐生矣，于彼朝阳。"《诗经·大雅》里的这句千古名句印证着朝阳千年璀璨的历史文化。东晋十六国时期的三燕古都——朝阳，1600 多年前曾是东北最为繁华之要地。

历经 1600 余年的风雨洗礼，朝阳于繁华萧瑟中起伏跌宕。20 世纪七八十年代，朝阳曾被一些人述称"十年九旱，靠天吃饭；兔子不拉屎"。智慧勤奋的朝阳人在中国共产党的坚强领导下，上下齐心，因地制宜，打响碧水青山工程战役，深入实施"大禹杯工程"，封山育林，以拳拳之力治理母亲河——大凌河。经过一代又一代人的不懈拼搏，朝阳的生态环境得以不断改善提升。尤其党的十八大以来，朝阳城区生态环境持续向好，青山碧水，百鸟齐鸣，生态优雅，秀美如画，市民的幸福指数不断攀升。

层峦叠嶂的朝阳凤凰山，占地 67.8 平方千米，将朝阳中心城区拥于怀中。春季里的凤凰山，丁香花与映山红一片片交相辉映，满山遍野馨香幽幽；盛夏时节山汩汩，百花争艳，郁郁葱葱，丛林掩映；金秋的彩叶姹紫嫣红，醉眼朦胧；寒冬傲雪银装素裹，曼若仙女披纱。

凤凰山的生态资源富集而和谐，动物与植物不断繁衍生息。植物种类多达 790 种，其中被子植物 763 种，裸子植物 12 种，蕨类植物 15 种，国家二级重点保护野生植物核桃楸、黄波椤、紫椴、黄麻草、黄芪、山茴香等遍布山中，仅凤凰山风景区森林覆盖率达到 85%，素有辽西植物宝库之称。椴树洼大面积天然次生林面积达 4000 亩，为辽西之最。当今的凤凰山野生动物种类也已经达到 330 种，其中国家级重点保护的野生动物有金雕、大鸨、长耳鸮、黑鹳等；辽宁省重点保护的野生动物有石鸡、灰斑鸠、雉鸡、狍子、狐狸、獾子等。壮美的凤凰山已经成为国家级森林公园和 AAAA 级风景名胜区。

凌水潺潺，百鸟欢歌。清澈的大凌河如一条玉带，镶嵌在宛若玉女的朝阳城腰间，凌河两岸绿草茵茵，柳枝绵绵，碧波荡漾的河中鱼、虾、水藻等多种水中生物富足，引来各种鸟类或前来安家落户，或迁徙来此暂居。鸟种类已由 20 世纪初的 305 种上升至 360 余种，其中国家一级保护鸟类 16 种，二级保护鸟类超过 50 种，野生鸟种类位居全省前列。常年久居的鸟类以赤麻鸭和绿头鸭为主，数量最多时超过 2000 只，成为朝阳城区附近冬季观赏水鸟的一处亮点。近 10 年来，在候鸟春季和秋冬季迁徙时节，每年过境朝阳的候鸟超过 600 万只，临时停歇的候鸟近 20 万只。春季迁徙停歇的天鹅的聚集数量，连续 10 年保持在万只左右，位列东北地区之最。每年初春时节，成群结队的天鹅不远万里赶来大凌河与朝阳人赴约迎春，它们或比翼齐飞，或引吭高歌，或耳鬓厮磨呢喃低语……随着天气渐暖，苇荡丛生，其他的各种鹭鸟在水中觅食、繁殖、嬉戏，好一幅美丽的生态画卷。

悠久古老的朝阳城，在社会主义新时代蓝天白云的映衬下，凤山牵手大凌河源远流长。经过朝阳人上下勠力同心，久久为功，不久的将来，大美朝阳将如一颗璀璨新星拥入祖国母亲的怀中。

刘井刚　北票市政协委员

阳春四月，天朗气清，惠风和畅，杨柳晓风，和煦的阳光照耀着大地。

南乡天鹅湾里的白天鹅在悠然自得地"散步"，长长的脖颈，洁白无瑕的羽毛，它高贵地昂着头，像一位纯洁的少女。倏忽间，天鹅拍打着水面，展翅欲飞，"一雨池塘水面平，淡磨明镜照檐楹"的河面泛起了涟漪。这些来往于天地间的精灵，让人沉醉其中……

远古的大凌河蜿蜒辽阔，孕育了白川州的繁华盛景。今日的大凌河，是辽西的母亲河，纵贯北票 5000 公顷波光秀美、林草丰茂的生态湿地流域，使这里成了一个远近闻名的天鹅湖湿地。独特的地貌、适宜的气候、充足的食物、干净的水源和优美的环境，使得每年的冬天，数千只天鹅在南乡天鹅湾栖息，远远望去整个水面呈现出"成倾湖天碧，一池雪花白"的壮美景观。

天鹅一词，"天"字便占有不同凡响之意，在西方文化中更是以神鸟著称，叶芝的天鹅之诗《柯尔庄园里的野天鹅》里写道："它们在静静的水上浮游，何等的神秘和美丽。"这些纯净的天使，向来被人们视为"贞洁之鸟"，它们不仅在繁殖期成双结对，相互恩爱，而且其他时间也在一起觅食、休息。甚至在长达万里的迁徙路途中，也是互相照顾，不离不弃。

在红村天鹅湾驻足，你会时常看到成双成对的天鹅亲密地生活在一起，或嬉戏打闹，或双宿双飞，形影不离。据说这样的配偶一旦形成，就会永生不再分开，直到生命终结的那一刻。这份难能可贵的忠贞不渝，让人心生敬意，更想去守护这世间难得的美好。

红村天鹅湾位于北票市南八家子乡大凌河流域，因湿地上游有一湾常年不封冻的天然地貌，加之生态环境的逐年改善，志愿者的大力保护，自 2016 年起就有天鹅在此栖息越冬。相关部门全力做好整个流域的清淤疏浚、水质保护等相关工作，持续强化生态保护。在大群天鹅飞抵前一个月，天鹅湾两岸乡镇工作人员、志愿者就开始对河道进行地毯式地重点排查，全力保护天鹅的栖息环境。天鹅湾河道边的树非常多，这归功于当地有计划地连续几年栽植了大量的防寒抗旱的杨树等树种，并种植芦苇蒲草等等水生植物，推动生态环境不断向好。因此每年冬天，天鹅都不远万里奔赴这片"温暖"的港湾。

对于善良的人而言，守护这些天鹅，守望这些美丽而纯净的生灵已经成了他们生活的一部分。守护中有这样一抹光亮，温暖着每个人的心。寒冷的冬日，每天清晨天还未亮，南八家子乡红村就有一对夫妇早早地起床了。经过简单的梳洗，他们裹上厚厚的棉衣，匆忙地走出门外，扛起早已精心筛选好的几袋玉米粒，去投喂在红村越冬的天鹅。这对夫妇丈夫叫李海峰，妻子在"天鹅之家"微信群里的名字叫海燕，大家都亲切地称他们为"海峰海燕夫妇"。日复一日，李海峰扛玉米的右肩已被压得微微塌陷，妻子海燕虽心疼不已却依然坚定地说："看着天鹅能留在红村过冬，我们累并快乐着。"朴实的话语透露出他们无私奉献的精神和对天鹅发自内心的喜爱。春天来了，到了天鹅迁徙的季节，李海峰往河边跑的更勤了。每天一只一只，一遍一遍，来来回回数了又数。每飞走几只，就把他的牵挂带走几分。直到最后的几只天鹅飞走，他含泪挥手，像叮嘱自己远行的儿女一般，"今年冬天要早点回来，我把最好的玉米都给你们留着。"

在这场天鹅与红村双向奔赴的情感中，天鹅也为我们百姓带来了"天鹅经济"——老乡家中的干白菜、葫芦条、杏干、地瓜干等绿色原生态的农产品，一时间成了游客心中备受欢迎的特色美食。一串串诱人的糖葫芦、一幅幅生动形象的非遗剪，一座座颇具东北特色的民宿，因为天鹅的到来，原本沉寂的村庄沸腾了，为百姓们带来了冬闲时期的收入。

如今，红村天鹅湾河畅、水清、岸绿、景美的"生态飘带"已然形成，一幅生态文明的浪漫画卷徐徐展开，古老灿烂的川州明珠正因白天鹅的眷恋，焕发着生机。红村天鹅湾这张亮丽"名片"现已推向全国，实现生态保护与社会经济发展的双赢。我静静地在春日的风里看着你们，你和你的伙伴游弋在天鹅湾的暖阳里，你们用自己的声音告诉我，某一年的某一天，你们找到了最美丽的家。

这里是你们的家，这里有我们热爱的你们……

77 裂山梁印象

刘洪阳 凌源市政协委员

在辽宁省和河北省交界省级青龙河自然保护区，有一座气势雄伟的山叫大裂山，山下有个美丽的村子叫裂山梁。在这个青葱美丽的时节，我慕名而来。

顺着 101 国道，驾车一路向西。就在即将离开凌源市三十家子镇，踏上河北省界时，路的右侧，一座像是裂开的山高高耸立，那就是大裂山。同行朋友郑重地说："这里的山很有看头儿。"远远望去，大裂山就像天然的长城隘口，又像是盛开的山花，在整条路的尽头，让人向往。车辆顺着那条小路下行，人脸山扑入眼帘，整座山从嘴巴、鼻子再到眼睛、秀发无一不惟妙惟肖，生动逼真，与湖水相映，仿佛这就是一个人睡卧在平静的湖面上。行走在满目葱绿的群山间，"官财山"、龟寿山似昂首可得，石林、石壁正迎面而来，青铜峰、望海峰凝目远眺，百年古枫、菩提树、高山草原和原始次生林相依相伴，恐龙石、飞来石、醒狮、古洞……总在不经意间，与你相遇！

裂山梁的石埂梯田，集中连片，别具特色。据说 200 多年前，尹姓、刘姓等几个山东人，携着子女，挑着担子，不远千里赶路而来，路过裂山梁的时候，就被这片水土所打动。那时候，裂山梁主峰下，几条山沟由北向南伸展，山腰处泉水流淌，山脚下沼泽水塘。沟与沟之间，是一座座草木旺盛的小土山，十分自然地将其分成了现在的几个村落。人们以山体为背，择草木搭棚，与水为邻，向阳而居。为了填饱肚子，他们寻一起点，刀割柴草，镐刨根须，手捡石头，沿山势开平地，取块石作石墙，将有些陡的山坡，变为了宽或 5 米多，或近 7 米的一层层弧形梯田。就这样，不辞辛苦的先人们，垒石埂为界，以平地蓄水，硬是把原本被野草占据的荒山，开成了一片片口粮田。近年来，随着封山禁牧，退耕还林，这里又变成了草木和野生动物的世界，与人们和谐而居。

裂山梁的房子，集中连片，四世同堂。这里保存了以茅草屋顶和干打垒石头墙为主要特色的传统建筑，其中最为典型的莫过于满族海青房。房屋的材料大都取自身边，有经过筛选的石头、简单修正的木料、黄土与草脱成的土坯、精选割来的黄百草，还有经过烧制的青砖青瓦、红砖红瓦。直到近几年，钢架、彩钢兴起，才出现了几个"新人"，他们虽然年龄差距悬殊，高矮胖瘦不一，却记录着时代的进步和人类的智慧。

裂山梁的院子，与房屋一脉相承。这里的院子，是石头的世界，踩着石板路，扶着高高耸起的石墙，用手摸着零星散落着的石槽、石墩、石碾、石磨、石井，仿佛让你回到了书写人类文明的石器时代。这里的院子，是植物的殿堂，木板荆条围城透气的院子，高粱穗和黍子穗制成的笤帚，植物荆条编制的筐篓簸箕，葫芦向日葵秸做成的点葫芦，水草、席草、麦秸编织成的草帽，无不深藏着人们的智慧与匠心！这里的院子，掩映着大自然的赋予和美好。葱、黄瓜、白菜、角瓜、豆角等拼成的菜地，守在家门口等你回家的小黄狗，昂首溜达觅食的大公鸡，从门外回来的牛羊，一切的一切，无不成为我们日常生活和记忆深处不可或缺的一部分。

村子里，最多的是路。从每一个家门口出发，沿着石头路向外走，岔口就逐渐多了起来。仔细梳理，莫过于几种：土路连接着高山农田，石路连接着邻居水井，水泥路则是与外界接壤。随着"中国传统村落"的挂牌，乡间民宿悄然建起，小村风光也逐渐声名鹊起。村书记老尹念叨着，一批批拉着电线杠、开着小吊车的人进沟了，谁谁家的孩子顺着这条水泥路走了，一些背着摄像机、拿着笔记本的客人也来了……在来来去去的往复中，裂山梁的村子、院子、房子还站在那儿，老样子！新气象！

临别，回望大裂山巅，想念村庄中随意散落的房子、院子，以及每一个家门口踩出的每一条路，每一条路与每一条路的交汇。日升日落，寒来暑往，仿佛冥冥中讲述着，这里是来处，也是归途！

忽然想起一句话：向绿而行，向新而生！瞬间，内心满满充盈！

78 山高水长美家园

盖守文　凌源市政协委员

东边有山，西边有河，前有照，后有靠。我的家乡二道河子就坐落在这样风光旖旎的地方，凌源南部青龙河畔。钟灵毓秀地，山高水长亲，更有幸的是我的家乡坐落在辽宁青龙河国家级自然保护区内，管理者和人民群众共治共管，使我的家园更美了。"山也还是那座山哟，梁也还是那道梁"，但是山间春天百花绚烂，争鲜夺艳；夏天林深草密，层峦葳蕤；秋日花叶相和，赏心悦目；冬天萧然素雅，雪野苍莽。山间小路枝条相向，参差交错；路面叶片叠叠，松软干滑，难以行进；站在山脊梁顶，听山风，仰流云，看应季美景，还有飞禽走兽带来的惊喜，野鸡、野兔、狍子最为常见，尤其是狍子都已成群出没了；走进沟谷，地表被径流冲刷平整了，枝条横蔓，蓬蒿满地无路可走。今昔相比，当下的山更像山，更富野性，更有原始的味道了。

山环水绕岁月如流，河是那条河，"河也不是那条河哟"！昔日十年河东十年河西沧海变迁，今朝挖河筑坝护岸建桥俱展新颜。20世纪70年代，二道河子村民依靠青龙河岸边的区位、水源优势，建立了"红旗渠"渠首、渠道。当前村民们就像呵护老人一样保护着渠首，几代人不间断修整使用着，田间土垄沟新改成万米长防治渠，使母亲河的乳汁源源不断地滋润着黄土地，让母亲河青龙水哺育着子子孙孙，渴了就能喝上甘甜的乳汁。出门回家有了宽广的大桥，再也不用趟水、走木桥了。晨光夕照中老幼徜徉在河岸林间休闲廊道上，累了坐靠在亭子中歇脚，处处感受着母亲的亲昵。

"问渠那得清如许？为有源头活水来。"一直以来，我们享受母亲河无私哺育，又在岁月时空中糟蹋母亲河的清纯容颜。羊羔跪乳，乌鸦反哺，为了保护环境，呵护水源，国家不惜成本，出手搬迁关停了北方机械厂、向东化工厂、刀尔登热电厂、造纸厂等多户排污企业，同时禁止污水排放，修建污水处理厂一座，彻底根除污染源，澄清了母亲河的毛细血管，使主动脉的血液得到净化。栽植水生植物，净化地表径流，美化了河床，吸引了水鸟，更有候鸟往返驻足。修筑护岸修整河道 4000 延长米、拦水坝一处，让河水自由而不泛滥，既接纳涓涓细流，又包容洪峰巨浪。现有的河水既涵养了地下水，又在地表得以充分利用。

山水相依，美美与共。山美，水美，人也美。村民陈佩芹承包河边水塘养鱼，利用水资源和栽树涵养生态环境并举，环境利润双双得益，美如"半亩方塘一鉴开，天光云影共徘徊"。张洪霞进城致富不忘根，回归田园创业富乡民，2020 年春流转半坡地 560 亩，栽植果树 4 万余棵，形成田园综全体，既能生产又可观光，春天赏花秋摘果，实实在在受益多。早晨傍晚小广场成了最热闹的地方，明亮路灯下，踩着硬化路，追逐喊叫老年舞。垃圾定点投放，定期清运，告别了腥、脏、乱。

久久为功天不负。2023 年，头道河子村被朝阳市评为"和美乡村精品村"。实至名归的荣誉，得益于村民们做到了美其所"美"，让大家看到和感受到自然之美、社会之美、人心之美、和谐之美。未来我们更会秉承"绿水青山就是金山银山"的发展理念，坚持生态文明建设，将生态意识融入日常生活的每一个环节，更加自觉地珍爱自然、保护环境，托起一个山清水秀、天朗气清的美丽家园。

79 生态凌龙湾

田润丰　朝阳县政协委员

凌龙湾风光　田润丰甲午年九月摄

凌龙湾位于朝阳县羊山镇小凌河流域，起于羊山镇东部，止于二十家子兴福寺。凌龙湾两岸历史和人文景观丰富，玄羊寺、凌水寺、青龙寺、兴福寺沿河依山而立，具有"深山藏古寺，碧水寺前流"的意境。凌龙湾南邻赵尚志纪念馆，西邻清风岭《中国地》拍摄地，距离朝阳市区 47 千米。小凌河流经凌龙湾 21 千米，呈 U 形，水量充沛，为Ⅱ类水质，清澈见底，河面呈弓月形状，微风拂过，河水清且涟漪，深处如碧玉天成，浅处可见鱼虾嬉戏，更有成群戏水的鸭子、安然自在的苍鹭。

凌龙湾山势陡峭，景色迷人，河流曲直相间，水面宽、水流急、落差大，加之河水清澈，与两岸山峰交相辉映，生态人文环境俱佳，宛如镶嵌在小凌河上的一颗生态明珠。凌龙湾特色产品丰富，是"辽宁省小凌河流域农产品质量安全示范基地"。作为朝阳县东南片领域的母亲河，小凌河贯穿羊山镇全境 12.5 千米，流域水产丰富，也是中华鳖繁殖省级自然保护区。小凌河沿岸养鸭业发达，小凌河鸭蛋独具特色，堪称辽西美食。这里不但盛产闻名辽西的小凌河鸭蛋、二十家子干豆腐、蜂蜜，还有小米、豆类等优质杂粮，安果梨、樱桃、苹果、李子、核桃、水蜜桃等各种水果，同时还是朝阳大枣的主产区。

近年来，朝阳县不断加大对小凌河治理保护力度，通过退田还河、自然封育、植树种草、河道疏浚等工作，使小凌河沿岸不断发生变化，实现水清、滩绿、景美、路通的目标，成为生态旅游的又一亮点。凌龙湾两岸山势陡峭，属燕山分脉，植被茂盛，一年四季，随着气候的变化，色彩每时不同。在不同的季节，两岸都会呈现出不同的景色，把这条水域冠名"七彩凌龙湾"名副其实。景区河水清澈见底，河面曲折悠长，风吹波光荡漾，远观碧玉天成，近看鱼虾嬉戏成趣，是乡村生态旅游的好去处。

在海拔约 500 米的玄羊山脉上有一个 200 多平方米的观景平台，平台中央矗立一座观龙亭。观龙亭分上下两层，各有 8 根红柱撑起八角飞檐，登楼梯可上顶层。站在观龙亭上，鸟瞰小凌河第一湾，宛若一条银色巨龙，环绕在山川村屯之间，河岩边的村庄，如同小型雕塑。只有这种居高临下的俯视，才会感受到凌龙湾的浩大的胸怀，囊括山清水秀、人杰地灵。

小凌河滨河路 26.7 千米，沿线修建了 13 座桥梁，每一座桥梁，都打造出一个新的景点。水在桥下流，人在桥上行，两岸风光挟裹着清凉水气扑面而来，让人神清气爽。弯弯曲曲的滨河路好似一条玉带，把小凌河沿岸的村落像珍珠一样串联起来。由西向东，坝党沟、鲁杖子、徐杖子、东升、玉珍花沟、长垄地、前营子……不但形成"隔河而望、举步比邻"的景象，同时也实现了公路沿河贯通。村村通、路路通，老百姓打开了幸福生活的大门，过上了甜滋滋的日子。

凌龙湾，清新自然、超凡脱俗、小家碧玉般的精美景观，会让人放下俗事沉重，放飞心情，轻身投向大自然的怀抱。

80 一座村庄的史诗

杨庆华 喀左县政协委员

西凌河在喀喇沁左翼蒙古族自治县官大海农场东官分场处拐了一个弯儿，像母亲一样伸出手臂将 6400 亩良田、1088 个儿女环抱在怀中。这座村庄一定是母亲最疼爱的孩子，因为怀抱是离心脏和乳房最近的地方。

蒙古开国功臣兀良哈家族者勒篾十二世孙色棱，因军功世封这块水草丰美，地势平坦的土地，三百多年的繁华兴盛随清帝逊位后终止。近年来，因这里历史文化厚重、民俗风情浓郁，成了远近闻名的蒙古族风情村寨。

东官分场是典型的蒙古族村，蒙古族人口占村庄人口总数的 80%。生齿日繁的村庄，像经升寺枯萎了百年的古柏，一粒鸟雀衔来的树籽，落在枝杈的缝隙，春风几度后，在朽木中生出茂盛的绿。如今乌姓家族的后裔四海安居、人才辈出，从王府的传世国宝《兀良哈族谱》来看，权贵的子嗣远不如耕读传家的后人灿如星辰，耕读传家远比眼前的滔天富贵更为长久。

我时常在野草闲花簇拥的农场桥头看旧时王府的燕雀，掠过经升寺的飞檐斗拱又建巢在农

家的檐下，无数次猜想王府的高光时刻，一定不是英雄衣锦还乡时的旌旗猎猎，也不是赫赫战功的王爷从这里打马奔向朝堂，而是王府的贝勒格格们在这里策马越过山岗、逾墙涉过凌河，看静花临水，听鱼鸟问答。

在政府的保护修葺下，四大庙现存的铜顶寺和经升寺已成了省级文物保护单位。两大寺的明清建筑、菩提宝塔、经轮唐卡、檐下彩绘，都成了研究政治经济、历史文化、宗教艺术的重要文献资料，因此这里被称为喀左的敦煌。从政教合一到艺术宝库，这座村庄见证了近七个世纪的时光荏苒。

铜顶寺前面的军马场被荒草湮灭许多年后，如今成了新开发的旅游景点蒙古大营。大营离敖包很近，每年的农历六月都要祭敖包，敖包是蒙古族祭拜祖先和长生天的祈福圣地。 祭完敖包，那达慕大会就开始了，四面八方的来客络绎不绝地涌入这个沸腾的村庄。

那达慕大会上弯弓射雕、策马扬鞭的英雄是最耀眼的明星，获第一届那达慕大会冠军的蒙古族姑娘，让沈阳来这里采风的青年画家留了下来，此后他画得最多的就是那个骑白马穿红衣、百步穿杨的女子，他们两个美丽的女儿大丹和二丹，一个是射击冠军，一个是画家。

喜塔尔（蒙古象棋）是蒙古族人民喜欢的智慧博弈，乌姓家族的后裔乌显明曾经获得过全国蒙古象棋冠军。如今这里是中国喜塔尔第一乡。勇敢团结、智慧持久是那达慕大会的运动主旨，也是一个民族的精神气质。正是这种精神才让这个村庄从王爷旧府到幸福新址，历经百年却宛如新生。

这里的美食也是让人入口难忘，煮粥要放肉糜叫肉粥，豆包馅里要灌注荤油煎好再趁热撒上白糖，乌姓老者说这是怕家里的男人打仗一去不回，女人把所有的食材混在一起做好，让男人饱腹上路。这馨其所有的悲壮食品是舌尖之上的生死牵挂，也是支撑冲锋陷阵的男人们活下去的唯一信念。还有一种食品，金黄的小米饭配上橙色的胡萝卜、鲜嫩的红肉，用猪油葱花炒熟，五色晶莹，灿若八宝，然后压实用翠绿的白菜叶卷紧，白菜清脆的汁水与米肉的鲜香糯软搅在一起，每咬一口，口腔里都缠绵出岁月静好的幸福味道。老额吉说，午饭做好来不及吃，村子里的男人就要出征，女人用白菜叶卷好熟的饭菜打包给男人带上。凯旋的男人说亏着吃了菜包才打了胜仗，以后这菜包就有了一个喜庆的名字叫"得胜包"。

这里的人爱吃肉、饮酒、喝奶茶，腹中有食眼中有光的日子，才是他们看得见摸得着的幸福当下。烈酒抵御风寒、奶茶提神醒脑，敌人、猛兽、饥寒与弓弩四面埋伏的日子，酒和奶茶是护身符。一个人，一个家，一个民族的保全和延续，也许托福这酒和奶茶的时刻佑护！这种茶乳相融的饮品，多像游牧文明与农耕文明融合发酵后，先冲突后和谐、先苦涩后香甜的岁月回甘啊。

美食的香味在村庄的上空飘荡，岁月在老额吉的银簪上闪亮，所有和战乱离丧有关的民俗美食，如今都是祥和安泰的模样。庄稼收割一茬又重生一茬，不是金黄就是青绿的拱卫着一座史诗一样的村庄，这里是你一生一定要去过一次的地方。这座风雨不动、安如山河的村庄，从来都不会让你失望！

81　与鹤共舞 30 年

高艳艳　盘锦市双台子区政协委员

初秋的黎明水一样清凉，一轮旭日刚从紫霭中探出月牙样的颅顶，辽河口湿地就沸腾了起来，鸥鸣鹤舞好不热闹。而比这些湿地精灵更早起来的是苇荡里的养鹤人。脸色黝黑、身材瘦削的赵仕伟拎着准备好的早餐笑眯眯地打开鹤舍的大门，一群刚刚睡醒的小鹤欢快地围过来……黎明未至便已起身，这样辛苦忙碌的工作，赵仕伟已经干了 30 年。30 年，他扎根基层，刻苦钻研、兢兢业业，带领同事成功孵化了 250 余只丹顶鹤，他为野生动物保护、丹顶鹤繁殖、驯化、野化工作做出了突出贡献。

扎根苇海伴鹤行

1993 年，时年 21 岁的赵仕伟毕业于沈阳农业大学畜牧兽医专业，被分配到辽河口国家级自然保护区鹤站工作，成为一名人工养鹤员。秉承着干一行就要爱一行的信念，赵仕伟在这里扎下了根。最初那两年，鹤站没有水，没有电，也没有像样的路。异常艰苦的环境没让赵仕伟打退堂鼓，但大雨连着下几天真让赵仕伟发愁，人吃的米蔬送不进来，鹤吃的鱼虾也送不进来。看着鹤舍里那三只嗷嗷待哺的丹顶鹤，他挑着两个水桶就出了门。雨水最深处没到了腰，脚下的泥路被泡得泥泞不堪，一脚踩下去，陷得老深，拔腿才费劲。但他咬着牙走了六七千米的路，到了老乡家里，买了粮食、泥鳅，挑上往回走，几十千克的担子压得肩头红肿生疼。眼看着路走了一半，脚下一滑摔倒了。粮食撒了，泥鳅顺着泥水逃之夭夭。虽然心疼得直跺脚，累得筋疲力尽，但是没法子，还得掉头重新进村买东西……他说："这样的日子虽苦，但这项意义重大的工作总得有人干。"

辛勤投喂留鹤影

盘锦湿地是东亚——澳大利亚鸟类迁徙通道中的一个重要停歇地，尤其对春季迁徙到盘锦湿地的鸟类，食物供应尤为重要。时值冬末春初，大地尚未解冻，鸟类所需的食物极其匮乏，人工投食也就成为鸟类补充食物供应的主要方式。在鸟类春秋两季迁徙期间，赵仕伟负责巡护和投食工作。这看似平凡的工作却有着不同寻常的意义，因为给候鸟提供一个安全、舒适的环境，配上充足、可口的食物，以补充能量，增强体质，是它们安全迁飞到下一站的保障。他每天除了投食以外，还在巡护中仔细观察鸟类的生活习性、种群数量和迁徙变化，并做好记录，为建立不迁徙的丹顶鹤种群，提供了科学依据。

夜以继日护鹤卵

广袤的盘锦湿地位于自然资源极为丰富的辽河口。大量鸟类在此繁衍生息或迁飞经过。多年来，病伤鸟时有发现。因此，鸟类的救护工作成为新的课题。赵仕伟刻苦钻研，不断探索，逐步掌握了一套救护鸟类的方法。从事救护工作 20 多年，经他手中，救护国家Ⅰ级、Ⅱ级保护野生动物 100 余只，省重点保护野生动物 300 余只，真正实现了"人与自然和谐共生"。人工饲养的丹顶鹤数量少，繁育过程需要人工操作。1996 年，保护区人工饲养的一只丹顶鹤产蛋，他借鉴沈阳动物园的经验，开始了丹顶鹤人工孵化。为了监测鹤卵的孵化情况，赵仕伟连续 30 多天日夜守候。2005 年，他摸索出丹顶鹤自然交尾与人工授精、亲鸟自然孵化与人工孵化相结合的方法，也取得了可喜的效果。迄今为止，已成功繁育丹顶鹤 250 余只。

成为湿地巡护员

养鹤三十载，赵仕伟的眼界在不断开阔，认识也有所改变。以前看到鹤黏着自己，他就像一个儿女绕膝的父亲一样欣慰。而如今，他尽量与鹤保持距离，为的是让它们能够保持野性，回归自然，为野生种群注入新鲜血液，增加野生丹顶鹤的种群数量。从 2010 年开始，他发现每当鸟类迁徙季节，时常有离群的孤鹤飞到保护区长时间逗留，赵仕伟尝试每年向野外散放几只成年鹤，与野生鹤组成家庭，提高在盘锦繁殖的野外种群数量。2015 年，随着人工饲养种群数量的增加，年轻后辈鹤和亚成体数量达到了 27 只。赵仕伟又在进行新的科研项目，就是为在盘锦湿地建立丹顶鹤不迁徙种群打基础。他每天无论多忙，都要到驯飞场地，对人工饲养的丹顶鹤进行野化训练，锻炼它们觅食和飞翔，完成适应野外生存的能力。在他的努力下，已经有 50 余只人工饲养的丹顶鹤放飞自然。

如今，赵仕伟看着他亲手救护和繁育的丹顶鹤，飞翔于红滩绿苇之上，内心充满喜悦和自豪。养了半辈子鹤的他，最大的心愿是野生丹顶鹤种群数量达到一定程度，不再需要养鹤人。

如今，
赵仕伟看着他亲手救护和繁育的丹顶鹤，
飞翔于红滩绿苇之上，
内心充满喜悦和自豪。
养了半辈子鹤的他，最大的心愿是
野生丹顶鹤种群数量达到一定程度，
不再需要养鹤人。

82　为您写的诗

刘稳舟　盘锦市政协委员

辽河左岸，四月的春风温柔细腻。相比此刻江南的花团锦簇与人声鼎沸，这里的植物和人都显得含蓄了许多。一座桥，横亘河两岸，站成一种英雄的姿态，秉持了北方固有的豪迈。向上两百米，从高处俯瞰这座城市，鹤鸣九皋，鸥翔于野，车水马龙，川流不息。

盘锦，一座年轻的城市，身体硬朗，骨子里温柔，河海交汇的地理环境造就了浩瀚千里的芦苇湿地，广袤的湿地上栖息着 450 余种野生动物，境内 21 条自然河流滋养着 4000 多平方千米的土地。庄子云："天地有大美而不言，四时有明法而不议，万物有成理而不说"。近年来，在习近平生态文明思想的指引下，这座城市深入践行绿色发展理念，着力解决经济发展与环境资源之间的矛盾，不断探索人与自然和谐共生的新时代课题，推动石油化工之城向生态之城转型。

人生，像奔腾的河、漂泊的云、生生不息的风，从没停止过向前、向上、向深处。十几年前，我偶遇这座城市，一定是特别的缘分，将彼此的命运捆绑在了一起。我喜欢在失落的时候听风，孤独的时候看海，在开心的时候躺在青青的草地上看云卷云舒。大自然的律动让我安心，悸动的心灵总能找到憩息的所在。时常幻想身体里埋有一颗种子，会长成参天的树，写成抒情的诗，在一个庄严的时刻向这座城市告白，纪念那些锦瑟年华。

风的呢喃

盘锦是一座多风的城市，当地人说："盘锦的风，一年刮两次，一次刮半年。"风，是大自然的呼吸，是这片土地充满活力最好的证据。冰消融、花含蕊、草吐青，春信如约而至。茸茸芳草，漫漫长路，清风送来透明的空气，裹挟着温暖与清凉，让寻春的人满心欢喜。我想我是那多情的风，浮在人世间，得看鸢飞戾天、鱼跃于渊，领略沧波千里、白云千里。生态环境持续向好，让这座城市的居民收获了满满的幸福感。

生态环境问题根源是经济发展方式问题。多年来，我们形成的产业结构具有高能耗、高碳排放特征，这不仅不是我们所需要的发展，反而会影响我们长远的发展利益。解决这一问题的唯一方式就是"绿色发展"。"浅喜似苍狗，深爱如长风"，辽河两岸的春信告诉我们，这是一条充满希望的发展之路。

一半海水一半火焰

盘锦是一座神奇的城市。占陆域面积三分之一的海洋，赋予这座城市包容的灵魂。盘锦的海，在骄阳与星野之下，一半海水、一半火焰。荡潏的海水，气势磅礴，带来了丰富的物产；鲜红的翅碱蓬，热烈饱满，点绛了这座城市优雅的唇。穿过海岸线向东二十海里，我们遇见几座新型结构构筑的人工岛和海洋石油平台，在这里，海洋经济蓬勃发展，默默为国家经济发展贡献着"血与氧"。而距此不远，是斑海豹的栖息地，它们的种群数量在逐年增加。如今，腽肭兽们仿佛已经习惯了作为明星被人们追捧，当有船经过，它们扬起头，以优雅的姿态向人们报以微笑。生态文明建设卓有成效，彰显出这座城市高质量发展的韧性。

绿色发展是发展观的深刻革命。我们始终把生态文明建设摆在全局工作突出位置，调结构、优布局，坚定不移地走生态优先、绿色发展的道路，使资源开发利用与生态保护修复相得益彰。"风烟俱净，海天共色"，大海的潮信告诉我们，这是一条顺应时代发展的船，必将乘风破浪。

云深不知处

风萧萧而异响，云漫漫而奇色。盘锦的云，有时远在天边，有时近在眼前，注定会带给你惊喜。不论在风雨里洒脱，还是在春光里旅行，你总会在某个特定的时间找到某个特定的细节，让自己怦然心动。秋风起兮白云飞，草木黄落兮雁南归，没有经历盘锦的秋天，你对"锦绣"的理解，或许会有那么半分差池，多种自然、产业、人文等色彩斑斓的要素在日光的丝线里织就，汇成一幅灵动的画。千秋笔墨惊天地，万里云山入画图，是产业结构调整的笔，绘就了绿色转型的画。

通过以环境指标的实现为导向，减少和淘汰落后产业，推动战略新兴产业、高新技术产业、现代服务业等发展，引领着产业结构调整，带动了城市发展绿色转型。"湖上一回首，青山卷白云"，白云深处纯净的天空之城将会是绿色转型交给我们的答案。

新时代，我国社会主要矛盾是人民日益增长的美好生活需要和不平衡不充分的发展之间的矛盾。让人民生活幸福，是习近平总书记心中的"国之大者"。城市的发展让我们的生活更加便利，而良好的生态环境是最普惠的民生福祉。"生态兴则文明兴"，对于一座城市，人民的需求不仅是钢筋混凝土，还有绿野仙踪。"乘风好去，长空万里，直下看山河"，祖国山河，波澜壮阔，温润细腻，需要我们共同守护。

这是为你写的诗，这是对你庄严的承诺。让我们勇敢面对发展面临的机遇和挑战，决心以"行百里半九十"的气概，以"功成不必在我"的境界，以"建功必定有我"的担当，行而不辍，履践致远，为实现经济社会发展全面绿色转型而不息奋斗。

83　辽河口生态文明的记录者

陈艳梅　盘山县政协委员

"关关雎鸠，在河之洲。参差荇菜，左右流之。于以采蘩，于沼于沚。山有扶苏，隰有荷华。"这是诗经中描述湿地的优美句子。在盘锦，有谢刚、郭志玲这样一对摄影师夫妇，通过摄影器材记录着辽河口湿地的四季风光，用摄影作品展示着盘锦这片红滩绿苇的美丽，让人们通过图片和视频感受到盘锦这片世界上最大的滨海芦苇湿地的魅力。

作为今天故事的主人公，谢刚、郭志玲均是辽宁省摄影家协会会员，他们工作之余，有着共同的业余爱好，眼睛捕捉美，镜头记录美。在一幅幅照片里，在一段段视频中，倾注对自然、对生活的无限热爱。生活的美真是无穷尽，他们把全部的时间和精力，都投入对辽河口生态文明建设的关注与记录中。每一张高清照片，每一段声响光影，都凝聚着他们精心的策划、热情的奔赴、耐心的等待、瞬间的抓拍。

他们记录的脚步从春天的辽河口启程，冒着还有料峭寒气的朔风，拍摄出海冰在土壤里的清晰脉络，白色的冰凌在黄色的大地上蜿蜒穿行，那是辽河口春潮萌动的颜色。那时，他们似乎听见候鸟归来的嗥鸣，看见丹顶鹤翩跹而舞，海滩上的斑海豹交头接耳……辽河口因为这些生灵的到来，有了蓬勃的生机，有了无限的欢喜，有了无尽的希望。

摄影师镜头下的辽河口，碱蓬草炽烈的红、芦苇殷实的绿、海水晶莹的蓝，足以让人一饱眼福，心满而意足。辽河口湿地炫目的三原色，像一条飞舞的巨型彩练，仿佛在仙人的臂弯里蜿蜒舞动，肆意飘摇，招展妩媚。

涨潮时的湿地热闹繁华。潮水渐渐淹没了碱蓬草的发梢头顶，拍打着芦苇的足跟脚踝，像一个放荡不羁的野孩子，带着自然的密码和难以捉摸的神性，涌得越来越高，扑得越来越猛。不时有成群的鸥鸟飞翔鸣叫，为壮观的一幕喝彩叫好。在潮水的环绕里，红碱草和绿芦苇就像神水里的一对神仙伴侣。芦苇牵扯碱蓬，在汹涌处打一个牢牢的同心结。潮水追逐着跑散的芦苇碱蓬，像一群调皮的孩子玩追人游戏，四面追赶，左突右击。摄影师的"天眼"把他们的窃窃私语看个真真切切，让我们领略不一样的生态辽河口。

落潮的辽河口，也是摄影师珍爱的镜头：碱蓬草像揭去面纱的新嫁娘，抖落身上的水珠，向头上的鸥鸟微笑致意，向朝夕相伴的芦苇目送情思。他们彼此默契，心怀灵犀，相视而笑。你用翠绿簇拥着我，我以红艳映照着你，相依相伴，相牵相挽，越长越高，越铺越远。辽东湾夺目的双色珠镶嵌在湿地的腹内，扑入大海的胸怀，给盘锦小城一份水灵机敏的美，也给盘锦人一份清幽祥宁的呼吸。她柔曼又壮美，宏阔又激昂。没边没沿地红，毫无顾忌地绿，无拘无束地蓝。

潮起潮落，生命的搏击与抗争流入心里，看着眼前的盛景，夫妻俩神思游荡，醉情忘归。潮水退去，暮色里的三原色，渐渐呈现出男女主角，愈来愈静，愈来愈淡，愈来愈娇。他们似乎也变成了辽河口湿地的两株碱蓬，并肩的芦苇，一对比翼鸥鸟，变成大舞台变奏曲里的两个快乐的音符。

当别人茶余饭后尽享天伦的时候，当别人逢节遇假轻松休闲的时候，当别人讲究养生延年的时候，夫妻俩在设计，在奔忙，在抓时机，在整理图片视频。深宵的灯火是他们的伴侣，星光月色为他们的作品涂抹光彩。

打开一段短视频，伴随着舒缓的音乐，一台盛大的演出开始了，天空作幕，大海为台，白天鹅、丹顶鹤、黑嘴鸥……仿佛都是出色的主角在忘情地炫技。红草绿苇枕着蓝色的波涛，在大地上绘出美妙的彩卷，与天空的云鸟相辉映。波涛里的鱼虾蛤蟹也欢腾雀跃，在潮水的裹挟下，像喝醉了似的，身不由己，有的顺流而下，有的被甩到岸畔滩边……我们看到的是几分钟的精彩，摄影师不知付出了多少艰辛的奔跑，焦灼的等待，自然的风吹雨淋，身体的饥渴熬煎。初心的热爱、痴迷，化作无怨无悔的责任和担当，让辽河口的美传播得更远更广，成了夫妻档固执的追求。

热情地奔赴，耐心地守候，惊喜，在他们的镜头下慢慢酝酿而出：《斑海豹上岸晒太阳》《黑嘴鸥迁徙》登上央视的华美舞台，人们惊叹地球上还有这么美丽的湿地；《割苇子的时候》《辽河口冰凌》在央视直播，向千千万万的观众高调炫耀辽河口的创意和奇观；《辽河湿地冰封芦苇收割如画》又在央视精彩亮相，让人啧啧赞叹。他们记载着辽河口湿地风光的视频 20 次在新华社推送，带着欣喜和自豪接受新华社专访；拍摄的辽河口湿地作品多次在辽宁卫视、盘锦电视台和《辽河晚报》《今日辽宁》《中国日报》《当代工人》《中国旅游》《香港商报》等多家媒体发表，让盘锦这片湿地在国家的舞台展示着它无与伦比的美丽。每一次拍摄的艰辛与热爱，展示给世人唯美与感动，也为自己忙碌的生活留下无尽的欣喜和收获：夫妇二人齐获殊荣——鸟瞰视界全国航拍大赛银奖、辽宁旅游摄影协会双年奖、"辽宁这十年"航拍大赛铜奖、第 21 届辽宁省摄影艺术展优秀奖……每当看到辽河口湿地的照片和视频，人们都会充满期待地搜寻他们的名字：谢刚、郭志玲，他们精湛的摄影水平得到了社会各界的广泛认可和极高的赞誉。一幅幅真实的画面，一帧帧鲜活的镜头，都是他们日常最美的语言，是他们对辽河口独特的诠释和热爱，也是他们烟火人间里最切近的诗意和远方。

84 红海滩的绿色之路

姜 瑜 盘山县政协委员

在这个广袤的世界上，有种力量不断地涌动着，它向着绿色前行，向着新意诞生。

向绿而行，是对大自然的敬畏与回归。我们迈出脚步，踏入那片翠绿的原野，感受大地的呼吸，聆听微风的低语。绿色是生命的色彩，它给予我们清新的空气、纯净的水源，让我们在繁华的都市中，也能寻得一方宁静与安逸。

盘锦这座小城，有一片以红色碱蓬草而闻名的自然景观——红海滩，它便是能给我们盘锦人民带来宁静与安逸的港湾。红海滩，不仅是自然生态的瑰宝，更是历史文化的承载地。这片广袤的湿地，以其独特的红色滩涂和丰富的生物多样性，吸引了无数人的目光。它见证了盘锦乃至整个辽宁地区的自然变迁和生态演变，承载着深厚的地域文化和历史记忆。

20 世纪六七十年代，盘锦地区石油开采蓬勃发展，但同时也带来了严重的生态破坏。红海滩所在的辽河三角洲湿地遭到大面积围垦和污染，昔日广袤的芦苇荡消失殆尽，取而代之的是荒芜的盐碱地和黑色的油污。

生态觉醒，破茧重生

面对严峻的生态危机，盘锦市委、市政府痛定思痛，下定决心修复红海滩的生态环境。1987年，辽河口国家级自然保护区正式成立，标志着盘锦生态保护和建设的序幕正式拉开。

保护区成立后，政府投入巨资进行生态修复。首先是治理污染，对石油泄漏点进行封堵和清理，并建设污水处理厂，有效地减少了工业废水对湿地的污染。其次是恢复植被，大规模种植芦苇、柽柳等耐盐碱植物，逐步恢复湿地的生态系统。

湿地重生，生机盎然

经过多年的不懈努力，红海滩的生态环境得到了显著改善。芦苇荡重新繁茂，水质清澈见底，各种鸟类和鱼类重新回到了这片湿地。

最令人惊叹的是，一种名为碱蓬草的植物在红海滩大面积生长。碱蓬草是一种耐盐碱的植物，其根系发达，能有效固沙保土，净化水质。每到秋季，碱蓬草开出大片鲜艳的红色花朵，形成了一望无际的"红海"，成为盘锦独一无二的自然奇观。

向新而生，是对未来的憧憬与追求。我们不断突破传统的束缚，勇于创新，开拓未知的领域。新的思维、新的技术，如同一股清泉，注入生活的每一个角落，激发着无限的可能。

盘锦红海滩，这片被誉为"红色海洋"的神奇之地，不仅是自然的奇观，更是生态保护的典范。多年来，盘锦市坚持生态优先、绿色发展的理念，致力于红海滩湿地的生态保护与建设。通过实施严格的生态保护措施，加强湿地修复与治理，红海滩的生态环境得到了显著改善。同时，盘锦市还积极推动环保理念的普及与实践，倡导绿色生活方式，让生态保护成为全社会的共识和行动。如今的红海滩，水清滩净，生物多样性丰富，成了人与自然和谐共生的美丽家园。

然而，生态保护是一项长期而艰巨的任务，需要社会各界的共同参与和努力。在红海滩自然保护区，我们看到了无数热心人士的身影。他们是来自不同行业的志愿者，他们抛弃了繁忙的工作，奔赴红海滩，投入保护生态环境的行列中。他们清理海滩垃圾，监测野生动植物种群，开展环境教育，积极参与生态保护工作，为红海滩的未来贡献着自己的力量。

如今的红海滩，焕发着勃勃生机，生态环境得到了明显改善。候鸟在这里筑巢生息，珍稀植物在这里生长茂盛，各种生物在这里和谐共生。游客们在这里感受自然的美好，体验生态旅游的乐趣，也更加深刻地认识到生态保护的重要性。

向绿而行，让我们学会珍惜资源，保护环境。每一滴水、每一度电，都承载着大自然的恩赐。我们用行动践行绿色的理念，让地球的绿色更加浓郁。向新而生，让我们拥抱变化，勇于尝试。不再拘泥于过去的模式，而是敢于挑战自我，开创属于自己的未来。在向绿而行的道路上，我们收获的不仅是自然的馈赠，还有内心的宁静与满足。在向新而生的征程中，我们迎接的不仅是未知的挑战，还有成长与进步的喜悦。让我们携手同行，向绿而行，向新而生，共同创造一个美好而可持续的未来！

305

85　渤海生态城　魅力打渔山

齐晶晶　葫芦岛市连山区政协委员

这是一个拥有英雄基因的神圣地方，塔山阻击战的军史丰碑在这里巍然挺立；这是一个生机盎然的滨海小镇，大天鹅、灰鹤、赤麻鸭……240 余种鸟类栖息于此，旖旎风光绵延海岸；这还是一个充满活力的滨海新城，良好的投资环境、丰富的人才储备、国际化的市场运营，辽西沃土投资正热、项目建设赋能振兴。这就是被誉为"渤海生态城　魅力打渔山"的辽宁省葫芦岛市打渔山经济开发区。

打渔山经济开发区名字的由来，源自园区内面积不到 1 平方千米，海拔仅有 58.2 米的打渔山海岛。海岛三面临滩，一面对海，涨潮时就像海中的一片孤帆飘荡在海面上；落潮时一片滩涂展现在眼前，人们可以徒步沿着滩涂走到岛上。就是这样一个小岛，曾经是解放战争中辽沈战役塔山阻击战的主战场之一。站在岛上举目远眺，东面的锦州港和笔架山尽收眼底，北面的塔山革命烈士纪念塔巍然耸立。

居住在附近的村民，很多都是以出海捕捞为生。打渔山海域左有塔山河、周流河，右有高桥河、七里河，这里泥滩平缓，水流清澈，是咸淡水交汇的地方。河流从这里奔向大海，鱼虾贝类在此繁衍生息。每到鱼汛期，晨曦里千帆汇聚，日暮下渔歌唱晚，形成一幅天然的美丽图画。海中的这一片打渔山小岛，自然成了出海捕鱼的渔民们歇息落脚的地方。

北方春天的脚步总是踟蹰前行，气温像海浪花始终在一个临界点上上下震荡，缓慢攀升。四月，城市里繁花争春的大戏依次落幕，而打渔山小区里的花儿却开得正香艳。大诗人白居易写道："人间四月芳菲尽，山寺桃花始盛开。"打渔山园区的腹地，不是传统意义的山丘。但是依山傍海的地理位置，让这里空气的温度与湿度，都要比市区里略微低一点、潮一些。开发区内一树一树的花朵像等待检阅一般热情地绽放了，那些还打着花苞待放的花儿，也像憋着一股劲儿一般涨红了脸，在微凉的枝头跃跃欲试，仿佛像在展示经过十余年开发洗礼的辉煌成果。

开发区内饮马河、大青堡河交汇处的一大片流域，是近些年来人们喜欢打卡拍照的红海滩。因为碱蓬草长红的季节是在七月以后，所以暂时没能看到如红地毯一般，又好似美人披霞的湿地胜景。但是在大片滩涂里看到成群的鸥鸟翻飞，仍让人倍感亲切。它们与人类居住的生活区那么近，在不足百米的距离内自由地飞翔，这正是打渔山经济开发区着力打造的生态文明。"与海为邻，与鸟同栖"，多么和谐浪漫的共生图。

顺着振兴大街前行，高耸的创业大厦矗立在眼前。经过经济开发区工作人员的介绍，我们了解到，打渔山经济开发区依靠区位优势，精准定位，经过十余年的开发建设，于 2018 年被评定为辽宁省级开发区，2021 年被评定为第一批省级化工园区；累计培育"四上"企业 51 家；科技创新能力不断创新，累计培育国家高新技术企业、雏鹰企业、创新型中小企业、省级"专精特新"中小企业、国家级"专精特新"小巨人企业、葫芦岛市军民融合企业、省级科技孵化、省级企业技术中心、省级众创空间企业共计 36 家；企业专利技术储备达到 247 项，其中发明专利 11 项，实用新型专利 196 项，软件著作权 40 项。

开发区不仅以装备制造业、精细化工产业、仓储物流业为主导，更加重视发展生态旅游业，打造宜产宜居的新局面。这里不仅环境好，还有优质的教育资源——东北师范大学连山实验高中，更有知名首开集团打造的国际化海滨生态新住区——首开·国风海岸，将教育、居住、商业、休闲等功能汇集在一起。昔日一片荒芜的海滩，如今已是辽西走廊上一个极具特色的商业小镇。

今天的打渔山，厂房遍布，高楼林立，一座座现代化的居民小区拔地而起，人们幸福地徜徉在海边，漫步在沙滩。这片拥有英雄基因的土地，正蓄势待发，在春潮的涌动下，续写下一段的传奇。

86　山海远望　魅力龙港

杨　丽　葫芦岛市龙港区政协委员

不知是谁的画笔，沾染了晨晖，画出一段寒来暑往；不知是谁的画笔，沾染了暮色，画出一段秋收冬藏。

笔尖轻轻浸入水中，洗刷着一座小城热情之上蒙盖的尘埃。

这座小城就是我的家乡——葫芦岛。这是一座美丽的海滨城市，三面临海，一面与陆地相连，酷似葫芦的形状，因此得名葫芦岛。这是中国东北的西大门，素有"关外第一市"之称。

这座充满烟火气的小城，有着湛蓝的天，有着耀眼的阳，有着连天的海，你可以看见海平面缓缓升起的一轮红日，可以看见月光和星辰送走日暮最后一抹余晖。我爱这座小城，爱这里阳春的云淡风轻，爱这里盛夏的绿荫蝉鸣，爱这里素秋的金黄落叶，爱这里玄冬的漫天白雪。

这座满是人情味的小城，总是让人心动。在这里，有白发苍苍的老人携手在夕阳下漫步；有父亲扶着车把，大汗淋漓地教孩子骑单车；有戴着鸭舌帽的叔叔架着三脚架，举着单反为黄昏留影，想用照片留下这似乎每天可见的绚烂。每当星河爬上夜空，霓虹的灯光由远方一点点延伸，连成一片片璀璨的光影，宣告着小城夜生活的到来。小城的夏夜是动人的，弥漫烧烤的香气和咸咸的海风，我的确曾西见大漠残阳，东见明月秋荷，南见风光旖旎，北见壮丽山河，但我更爱乡土之情，更爱家乡之美。

龙湾公园里秋季的红叶吸引了无数游客前来观赏。当秋风拂过，万山红遍，层林尽染，一幅美丽的画卷呈现在眼前，仿佛置身于一个红色的世界。这里的红叶如火如荼，让人流连忘返。

龙背山森林公园东与渤海湾遥遥相望，南与兴城接壤。山上林木葱茏，野花覆坡，是人们追寻山林野趣、清闲游乐、回归自然、陶冶情操的游览胜地。登上龙背山，放眼碧海蓝天，远眺葫芦岛市区全景，尽情感受自由呼吸，有一种忘我归真的畅意。

关东葫芦古镇是一个让您体验慢生活和探秘展馆的好去处。在关东葫芦古镇中，您可以漫步古街，欣赏传统建筑风格，还可以参观博物馆了解当地的历史文化底蕴，体验民国时期人们的生活状态。位于葫芦岛龙港区的日本侨俘遣返纪念碑记录了中国人民的宽容和善良，记述了在东北各地居住羁留的日本侨俘陆续集中到葫芦岛港，从这里登船启航，开始了他们归国还乡的第一步。3 年中，约有 105 万日本侨俘从葫芦岛港遣返回国。在此期间，中国人民以德报怨，对被遣返的日本侨俘给予了无私的帮助，特别是葫芦岛人民为遣返的顺利进行和最终完成做出了巨大努力。历史在这里为日本侵略中国的失败画上了一个句号，也在这里留下了一座人道主义的丰碑。许多日本侨俘把这里视为他们的再生之地。70 多年过去了，当年那场罪恶的战争带给中日两国人民的伤害仍然令人记忆犹新。前事不忘，后事之师；面向未来，以史为鉴，愿中日两国人民世代友好，永不再战。

望海寺坐落在山林之中，背靠青山，面对水库，可谓位处山水之间，松柏之中。逢春夏季节山花烂漫时，松柏翠绿，到此一游，如进仙境一般。每逢农历初一、十五多有善男信女来庙烧香、拜佛。

葫芦岛是沿海城市，海才是这里的特色。来到海边，清冷的海风迎面吹来，夹杂着海水的腥味和咸味，阵阵浪花拍打在礁石上。站在海边，吹着海风，看着海风将衣摆吹起，突然感觉自己有了点曹操的气概，有了点"日月之行，若出其中；星汉灿烂，若出其里"的意境。

我爱我的祖国，也爱我的家乡。我爱这座小城，六十多年山河依旧，六十多年蓬勃岁月，未来还很长，小城的人们用他们勤劳的双手，为共筑幸福美好家园努力着。

秦 俭 兴城市政协委员

一条河，塑造一座城；一条河，激活一座城；一条河，幸福一座城。兴城，一座位于辽西走廊中部的海滨小城，国家级风景名胜区。它依山傍水，一条南河如玉带般环绕城区，缓缓流入渤海。

碧水绕城，古河展姿入佳画

如今的南河，水天一色，沙鸥翔集，是人们休闲娱乐的好去处。

春天里，微风徐徐，满河的清水缓缓流淌。浪花轻轻地拍打着岸边的堤石，为大地增添了几分灵气。春雨迷漫，杏花凝香，漫步河边，更有一种"斜风细雨不须归"的心境。

夏日，是南河最热闹的时节。即使在闷热的午后，也有垂钓爱好者在垂钓区内静坐垂杆，等待鱼儿上钩。傍晚，各种海鸟落在河边的湿地上觅食，时而腾空飞起，放开洪亮的歌喉；时而舞动银翅，轻轻掠过水面。人们三三两两来到河边散步，沐浴着河面吹送来的丝绸般细腻的晚风。他们扶老携幼，说着笑着；有的则倚靠着河堤长椅，欣赏着"落霞与海鸥齐飞，大海共长天一色"的景色，享受着海滨小城独有的惬意。

秋天，夕阳西下，落日的余晖将天空染成了一片金黄，洒在水面上，浮光跃金，静影沉璧。河水在枯草丛里微微低语，远处不时传来一两声野鸭的扑翅声，月夜的河面更显得宁静。海河大桥，伫立于夜幕中，灯火辉煌，成了打卡拍照的地标。

冬日，这里就成了冰雪世界、孩子们的乐园。冰车、冰雪滑梯、雪圈……大家玩得热火朝天，给寒冷的冬天带来一丝暖意。

生态治理，修旧立新景怡人

兴城河旧名为宁远河，城区段被称为南河，发源于兴城市西北药王老岭及葫芦岛市黑松岭。古人依河而建，依河而生。古老的南河水滋养了一代又一代的兴城人，寄托了人们安国宁家的美好心愿。可能你想不到，就是这样一条河，十多年前是什么样子？住在南河附近的老人们说，过去的南河，南岸不远处是农田，两岸是土堆，没有路，只有被人踩出的一条条羊肠小道。两岸杂草丛生，河内淤泥堆积，很少看到鸟儿在这儿活动。有人看中河沙的经济价值，滥采滥挖。有人把这里当成了垃圾场，各种生活垃圾被扔在这里，远远地就能闻到难闻的气味。南河变得满目疮痍。每每看到这样的南河，人们总要抱怨几句。那时的南河成了兴城人心中的一条闹心河。

"怎样改变、治理这条闹心河，使它变成老百姓心中的幸福河"？这个棘手的问题摆在了兴城市委、市政府面前。

兴城市委、市政府高度重视南河治理工作，在省政府领导的大力支持下，经过科学规划，于 2010 年启动了兴城河城区段（南河）综合治理工程。当年累计投入资金 830 万元，完成了南河左岸大桥以下 1780 米护岸工程和 1680 米路坝结合段路基工程。2011 年 3 月，兴城河城区段（南河）综合治理工程南北两岸共 13 个标段同时进场施工，其中主槽护岸、防洪大堤 11 个标段，橡胶坝 1 个标段，叠水低堰 1 个标段。2012 年，兴城河景观工程开始施工，包括建设亲水平台、广场等城市园林景观。2012 年 8 月，兴城河综合治理工程全面竣工。

人水和谐，共建城市新地标

2015 年 6 月 30 日，兴城市重点工程海河大桥竣工通车。海河大桥是辽西地区首座四跨连续独塔自锚式悬索桥，桥长 397 米，主要由主桥、引桥、引道三部分组成，桥北与首山路相连，南通滨海经济区。海河大桥的通车进一步完善了市道路网络，缩短老城区与河南片区之间的距离，也与南河交相辉映，成为兴城又一新地标。

兴城南河临近入海口，有着得天独厚的地理条件，现如今其美丽的风景也吸引了越来越多的游客。沿河游览路线开设了游客休憩亭，兼营报刊、饮品、副食、卡拉 OK 和地方特色小吃，满足了游客需要。新建景区内设立简便医疗急救点、生态环保厕所，确保游客的安全性、舒适性。兴城南河逐渐成为兴城旅游经济的又一重要组成部分。

治理后的兴城南河成了集水利、文化、经济、景观多功能和谐发展的城市景观带，更成为市民休闲的新景观、城市发展的新轴线，展开了一幅人与自然和谐相处，城、泉、山、海、岛、河、滩完美结合的优美画卷。如今兴城南河正以蓬勃的姿态驶入城市发展的快车道，成为人民满意的"幸福河"！

88 可爱的红马甲，是绿水青山中最靓丽的风景

武春利 绥中县政协委员

生态兴则文明兴，生态衰则文明衰。近年来，随着旅游业的兴起，乡村旅游逐步走进千家万户的生活中。为了更好地保护我们家乡的绿水青山、名胜古迹文化，服务家乡的经济发展，有这样一群热衷环保公益事业的人——绥中爱心志愿者协会的志愿者，积极投身家乡的环境保护公益活动。他们之中，有老人，有青年，有少年，穿上了象征志愿服务的红马甲，在绿水青山之间留下了他们靓丽的身影。下面，让我带你走进这群最可爱的人——开展保护环境、人人有责宣传活动，提高环境保护意识。

为进一步让青少年了解环境污染的危害，萌发青少年的保护环境意识，绥中爱心志愿者协会东戴河分队充分发挥志愿团队精神，走进绥中塔子沟开展爱我家乡环保公益宣传活动。部分成人志愿者带领青少年志愿者，走进山清水秀、环境优美的塔子沟景区，开展环保公益宣传活动，提倡游客文明出行，注意防火，不要随意丢弃垃圾，共同守护我们的绿色家园。

在公益活动中，涌现出许多以曾宪红为代表的志愿者，怀着对家乡的深深热爱，放下手头工作与活计，自发地出人、出车、出力参与公益宣传活动。

谁说女子不如男！许多女性志愿者，充分发挥"半边天"作用，不怕脏，不怕苦，不怕累，佩戴好口罩、防护手套等设备后，带好夹子、袋子，率先投入垃圾捡拾工作中，充分彰显了她们守护生态环境的"巾帼风采"！

许多青少年志愿者也不甘落后，利用他们轻盈的身姿，灵巧地走到"怪石密布"的河滩上，仔细搜寻垃圾，每个角落都不愿放过。成年志愿者在旁认真协助，大家分工协作，顺利完成了崎岖难行路段的垃圾捡拾工作。

在环保公益活动中，还有许多感人的"传帮带"故事。志愿者队伍中有一些优秀的退伍军人，不仅是团队的老志愿者骨干，而且经常带着家人朋友，积极参加公益活动，手把手、面对面地传递公益理念，教导子女爱护环境。

在公益活动中，身着红马甲的志愿者在清理河道旁的垃圾。在志愿者的热情感染下，有不少游客和本地爱心村民也加入了"保护环境，人人有责"的公益活动中，一起捡拾河边遗留的垃圾，努力使河水更清澈、两岸更干净。在清理垃圾的同时，志愿者们还向河道旁村

民发出倡议，要爱护河湖环境，不乱丢弃垃圾，保护好河湖水质，争做爱水护水的践行者，共同爱护水生态环境。一些村民看到志愿者的善举，不禁感慨道："咱们家乡绥中山美，水也美，物产丰富，所以要保护好我们的家园。环境保护，人人有责！"

积极开展共建公益林环保活动，打造绥中绿色屏障。

在2024年3月开展的"共建爱心公益林　助力美丽绥中城"绥中县第二届春季植树活动中，绥中县爱心志愿者协会的志愿者们积极参与树木认种认养活动中，促进了六股河公园的生态保护，引领了绿色环保的文明新风。

践行绿水青山就是金山银山理念，做好环保志愿服务。

"绿水青山就是金山银山"理念，是习近平生态文明思想的经典论断。绥中爱心志愿者协会认真贯彻落实习近平总书记生态文明思想，响应党委、政府号召，组织志愿者积极开展环境保护志愿服务，以实际行动守护绥中的绿水青山，为服务绥中经济发展尽一份力，充分彰显了"奉献、友爱、互助、进步"的志愿者精神，"红马甲"成为绥中大地上一道靓丽的风景。

89　魅力白狼山，辽西后花园

杨东会　建昌县政协委员

很荣幸，生在建昌。这里不但拥有东北亚地区规模最大的战国古墓群，还是最早发现距今 1.6 亿年带毛"赫氏近鸟龙"化石的地方。这里不但坐落着风景如画远近闻名的"辽西小桂林"龙潭大峡谷，还屹立着历史悠久巍峨高耸生态良好的白狼山。

白狼山位于辽宁省西部丘陵山区，是阴山余脉努鲁儿虎山的一座主峰，总面积 93 平方千米，最高峰 1140.2 米，是国家级自然保护区、国家级森林公园、地质公园。白狼山历史悠久，物种丰富，风景优美，空气清新，素有辽西"绿色明珠"和"天然氧吧"的美誉。

历史传说赋予白狼山丰厚的文化底蕴。相传很久以前，在白狼山主峰山洞里修炼着巨蟒和白狼，最终修成一妖一神。巨蟒成妖，经常驾着妖风去村里吃人。白狼为神女，用自己在山上采的草药给村民治病。见巨蟒危害百姓，白狼女决心为民除害，与巨蟒进行了惊天动地的决斗。对此，天庭震怒，将巨蟒化成一道石坝，取名蟒挡坝；将白狼女化为一块形似白狼的石头。人们则按照白狼女的嘱托将它抬到白狼山峰，取名白狼石。而这块石头所在的山峰，便是如今的白狼山。神秘的白狼山还默默记录着千百年来的前人轨迹，燕太子丹、唐太宗李世民都在白狼山留下了千年足迹。当年枭雄曹操与乌桓骑兵在白狼山对峙，大败乌桓，可谓"魏武乐征地，凯旋白狼山"。更有边塞诗人高适的千古绝句至今令人荡气回肠："撞金伐鼓下榆关，旌旆逶迤碣石间。校尉羽书飞瀚海，单于猎火照狼山……"

丰富的物种打造了"热河生物群"。白狼山自然保护区拥有高等植物 1000 余种，包括苔藓植物、蕨类植物、裸子植物、被子植物、真菌等。名贵植物有人参、蒙古栎、紫椴、黄波椤、野大豆、鹅耳枥、绶草等。有脊椎和无脊椎动物共 700 多种，国家一级保护动物有金雕，二级保护动物有黄喉貂、大天鹅、雕鸮、苍鹰、燕隼、秃鹫等。为进一步探究白狼山的奥秘，北京自然博物馆古生物研究人员与沈阳师范大学、北京大学、耶鲁大学、得克萨斯大学、阿克伦大学等中外专业学者慕名而来，探寻的步伐遍及白狼山的沟沟岔岔，为相关研究提供了真实可信的物种素材。

风景如画尽显白狼魅力。白狼山又名白鹿山，山上景点有饮马泉、黑螺女白螺女庙、曹操点将台、马鞍石、饮马槽、烽火台等遗迹，还建有烈士陵园纪念碑。白狼山以石为奇，石景众多，其形形态各异、惟妙惟肖。有大猴山、小猴山、双人石、蘑菇石、燕儿洼、石井、溶洞、天然卧佛、石牛、石马、石狗、石羊……这些栩栩如生的石像巧然天成，给人以无限的遐思和想象。由于风景奇美，每年到白狼山游玩的游客络绎不绝，达到 50 万人次。可谓：重峦叠嶂总巍峨，上有

奇峰接绛河。大壑深藏龙虎气,危崖横立铁枝柯……

万亩松涛成就"天然氧吧"。研究表明,新鲜空气对心理健康和新陈代谢有着积极的影响,呼吸新鲜空气能够改善情绪、减轻焦虑和抑郁,带来轻松和愉悦的感觉,提高人体的精神状态和生活质量。有位名人说过:"若干年后,最珍贵的东西可能会是空气和水。"如果你还没有体会到这句话的重要性,那么有机会,就暂时离开沙尘暴肆虐、汽车尾气排放过量的城市,到"天然氧吧"来一次从里到外的空气浴,它会向你生动地诠释沁人心脾的深刻含意。在这里,阵阵微风吹拂过万亩松林的负氧离子会让你体会到,清新纯净的空气是如何从鼻尖一点点深入肺底,清理掉体内聚积的污浊之气。

近年来,建昌县政府带领全县人民坐上"一带一路"的特快列车,发展县域经济的同时,加大对白狼山的规划和投入,将白狼山纳入"葫芦岛海滨浴场 + 生态山水游 + 古城文化游"的精品旅游线路,与龙潭大峡谷、画廊谷、建昌古城周边景点联动,将建昌一日游升级为两日游、三日游,形成"自然风光 + 生态美食 + 古城风韵"的特色旅游线路。

"魅力白狼山,辽西后花园",白狼山正以其独特的地理优势和雄厚的资源优势逐渐被外界所广泛认知。与成熟的景区相比它还年轻,有时间和机遇向外界展示更好的自己,用自己强健的心脏和宽厚的胸膛,承载起建昌腾飞的希望和梦想。

"龙潭峡谷泻飞流，
天女抛梭五彩绸。
更引松涛悬岭上，
深情伴我觅雎鸠。"

一首七绝道尽了龙潭大峡谷飞瀑的宏伟壮观之景象。透过诗词，
我们仿佛看到了峡谷里雄伟的山、清幽的水、深邃的洞、傲岸的
石、飞腾的瀑、悠长的峡、淳朴的树、丰茂的草、芬芳的花、喧
闹的鸟伫立行走或飞翔在谷深不知处。

建昌龙潭大峡谷位于辽西丘陵深处，辽宁省的葫芦岛市、朝阳市
和河北秦皇岛市的"两省三市"交界地带，隶属滦河水系东侧分支。
峡谷总长 52 千米，总面积为 5000 余公顷，平均海拔为 760 米，
纵深 648 米，最宽处为 210 米，峡中有峡，谷中叠谷；石林高矗，
水起风生。龙潭大峡谷是东北唯一的一条大峡谷，素有"北方小
三峡""辽西小桂林"之誉。

穿过高耸的油松树、落叶松树、白山杨树，沿着 777 阶青石板
小路蜿蜒而下，听着满耳的鸟鸣，闻着扑鼻的花香，徒步而行约
20 分钟，就到达谷底。间或有野兔惊慌地蹿过小路，遁向草丛，
不知所踪。这里满山都是鬼斧神工的天然石景；布满沟壑的千花
百草、四处飞溅的山泉水珠、无处不在的天然绿氧，令人仿佛置
身人间仙境，暂时忘却一切尘世烦扰。

过小溪，过石大如斗、如床、如车、如房、如山的乱石滩，过铁石桥、南极仙翁瀑布、官运洞、步步登高等处，就来到了水上石林。

水上石林是大自然馈赠建昌的礼物，是龙潭的江南，也是峡谷的灵魂。一湖玉水，清澈澄碧，平静无波，无私地赋予峡谷以灵动、轻盈、柔美，而连绵不绝的石林或如巨象饮水，或如巨蟒凌空，或如苍鹰敛目，或如山猴拜佛，或如仙人引路，或如情侣依偎，或如大鹏展翅……惟妙惟肖，神情毕现，憨态可掬，见仁见智，不一而足。

尤其是那一笔淡淡的荷，在粗犷、雄豪的塞外辽西群岭的布阵中，婉约贤淑，宁静古雅，幽幽碧水中漠然孑立，超群脱俗，怡然自得。微风吹过，涟漪荡过，偶或随波跳动，犹如芭蕾舞演员翘着的脚尖，跳转自如，玉枝临风，一握细致娇媚的腰身充盈着妩媚，窈窕着瘦弱，令人心尖战栗、神情悚动。也许就是这一份娇羞，更给这十万大山的雄浑、壮阔补充了一份丰润与和谐。

水，除了在峡谷宁静致远，还在这里白练横空。龙潭大峡谷的名字就是因为有众多的松瀑、龙潭瀑、蝴蝶瀑布等而来。相传，很早以前，人们为了探知龙潭的深度，曾经不止一次到水下探索，无果而终；也曾用长长的杆子，一头插上活鱼，伸到水中，探试水深，连接几段的长长的木杆提上来，鱼还是活的，说明没有将木杆插入泥石中，没有探到潭水深度；还有的人，用绳子系上石头，一点一点往水下沉，一直用了 500 米的绳子，也没有探到潭底，可见其深不可测。

为了更好地保护这些宝贵的资源，峡谷景区制定了严格的保护措施和管理制度，加强了对游客的宣传和教育，让他们了解生态保护的重要性；同时，也联系各方积极开展科研活动，深入了解保护区内的生态系统和物种多样性。

通过多年的大力投入，我们看到了全省上下对自然保护区的保护、开发、利用的决心和努力。我们秉持着绿色发展的理念，既要保护好这片神奇的土地，又要让更多的人了解和欣赏到它的美丽。

向绿而行，向新而生。在习近平新时代中国特色社会主义思想的指引下，我们将继续深入学习贯彻党的二十大精神，紧扣生态文明思想，努力创造更加美好的生态环境。

我们会继续守护在这片美丽的家园，让自然保护区的生态文化得以传承和发扬光大。

91 宫山嘴水库：大自然的生态画卷

付殿波　建昌县政协委员

宫山嘴水库，位于葫芦岛市建昌县牤牛营子乡的一座宁静的山谷中，仿佛是自然界中的一个调色盘，汇聚了天空的蓝、大地的绿和万物生命的活力。这里的每一滴水，每一片树叶，每一缕清风，每一棵小草，都静静而又娓娓地诉说着生态的和谐与平衡。因为，这座水库不仅是一个储水的地方，更是一处生态奇迹的缩影。水库周围的山林也是多种野生动物的栖息地，在这里，你可以听到各种鸟儿的鸣叫声，看到松鼠在树枝上跳跃，甚至有机会遇到野兔、狐狸等动物。这里的生物多样性让整个生态系统更加稳定和丰富。

早上的宫山嘴水被一层轻纱般的雾气所笼罩，显得神秘而宁静。太阳渐渐升起，雾气开始消散，露出了水面倒映的山的轮廓。水是那么的清澈，清得可以看到水底的小石子和悠闲游动的鱼儿。水库边上，柳树轻拂着水面，鱼儿穿梭于树影婆娑之间，这一切构成了一幅美丽的图画。

中午的宫山嘴水库，阳光明媚，水面上的水鸟更加活跃。它们在水中自由地游弋，寻找着自己的食物。游客们也可以乘船在湖面上游览，欣赏周围的风景。同时，水库周围的杨柳成了游客们的遮阳伞，让人们在炎炎夏日中感受到一阵阵的凉爽。

傍晚，夕阳西下，水面上的颜色变得柔和而温暖。游客们可以在这里漫步，欣赏美丽的日落景色。水天一色，波光粼粼，色彩斑斓，一派旖旎。而当我们把时间线从早、中、晚延伸到一年四季，更是一片别样的自然生态画卷。

春天的宫山嘴水库，万物复苏。湖面上的冰层融化，清澈的湖水在阳光的照射下波光粼粼。湖畔的柳树开始抽出嫩绿的新芽，小草也悄悄地从土壤中探出头来。各种水鸟在湖面上翩翩起舞，它们的叫声清脆悦耳，给这个春天增添了几分生机。

夏日的宫山嘴水库，是一个避暑的好去处。湖面上的水鸟更加活跃，它们在水中嬉戏觅食，吸引了许多游客前来观赏。湖边的树木郁郁葱葱，为游客提供了一处凉爽的遮蔽之所。在这里，人们可以尽情地享受大自然的美好，感受夏日的清凉与宁静。

秋天的宫山嘴水库，别有一番风味。湖边的树叶开始变色，从绿色逐渐变为黄色、红色，整个水库被五彩斑斓的色彩所包围。这个时候，水库中的鱼儿也开始为过冬做准备，它们会在湖底寻找一个安全的地方，以躲避寒冷的冬天。

冬日的宫山嘴水库，则是一片银装素裹的世界。湖面结冰，雪花飘洒，四周的山峦被白雪覆盖，依旧保持着顽强的生命力。

宫山嘴水库不仅是一个美丽的景观，它还承担着生态调节的重任。这里的水滋润了农田，养育了一方人民；这里的森林净化了空气，保持了水土；这里的生物多样性维系了一个复杂而精妙的生态系统。在这里，每一个生命都被尊重和珍视，人与自然和谐共生。总之，宫山嘴水库是一个充满生机的生态系统，它不仅为当地人民提供了丰富的自然资源和优美的环境，也成了人们休闲娱乐的好去处。在这里，人们可以远离城市的喧嚣，感受大自然的美好与宁静，让心灵得到一次彻底的净化与放松。

就是这样一个美丽的地方，让人在欣赏其美好的同时，也能体会到生态平衡的重要性以及生命的珍贵。在这里，我们学会了与大自然和睦相处，学会了保护环境的重要意义。宫山嘴水库，就像是一篇生动的生态篇章，提醒着我们每一个人：保护环境就是保护我们共同的家园。